自然百科
002

講談社の動く図鑑MOVE 宇宙

渡部潤一 監修

游韻馨 譯

宇宙百科圖鑑

台北市立
天文科學教育館
吳福河 審定

晨星出版

在 外太空發現生命起源！

最新望遠鏡 ALMA（阿卡塔瑪大型毫米／次毫米電波陣列）首次在剛誕生的星體四周發現「糖分子」。糖分子是生命的起源，若即將誕生的行星在成形時融合了糖分子，該行星很可能演化出生命。

➡P88

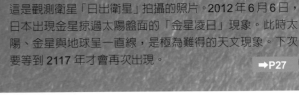

金 星通過太陽盤面

這是觀測衛星「日出衛星」拍攝的照片。2012 年 6 月 6 日，日本出現金星掠過太陽盤面的「金星凌日」現象。此時太陽、金星與地球呈一直線，是極為難得的天文現象。下次要等到 2117 年才會再次出現。

➡P27

Space News
宇宙新聞

重點介紹
備受矚目的宇宙資訊
和驚人發現！

這顆由國際科學光學監測網（ISON）觀測到的艾桑彗星，從太陽系外緣的歐特雲朝太陽方向接近，2013 年 11 月距離太陽只有約 110 萬 km。天文迷原本十分期待這顆用肉眼就能看見的大彗星，可惜根據 NASA（美國太空總署）的觀測報告，艾桑彗星因無法承受太陽的炙熱，導致崩壞解體，蒸發消失。艾桑彗星誕生於太陽系起源之處，花了數十萬年朝太陽中心接近，無奈最後無法逃離毀滅的命運。

艾 桑彗星解體！

➡P72

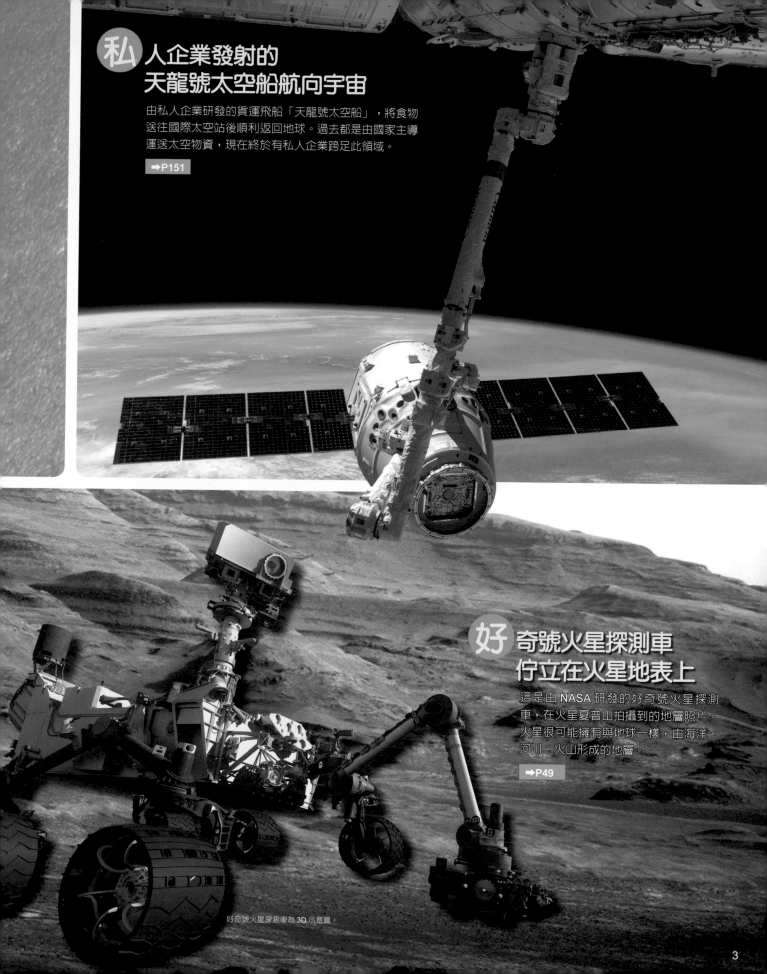

私人企業發射的 天龍號太空船航向宇宙

由私人企業研發的貨運飛船「天龍號太空船」,將食物送往國際太空站後順利返回地球。過去都是由國家主導運送太空物資,現在終於有私人企業跨足此領域。

➡P151

好奇號火星探測車 佇立在火星地表上

這是由 NASA 研發的好奇號火星探測車,在火星夏普山拍攝到的地層照片。火星很可能擁有與地球一樣,由海洋、河川、火山形成的地層。

➡P49

好奇號火星探測車為 3D 示意圖。

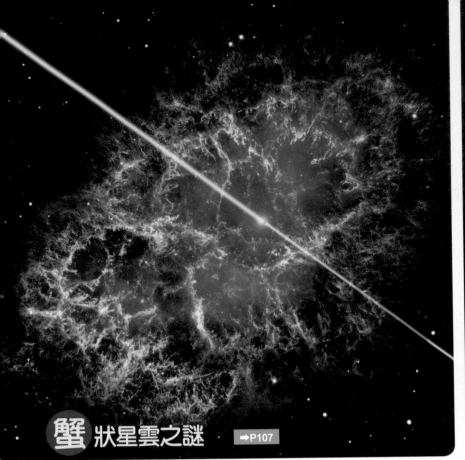

蟹 狀星雲之謎 ➡P107

位於蟹狀星雲中心的中子星示意圖。中子星會釋放強烈能量，2011 年人類觀測到其釋放出的史上最大能量。

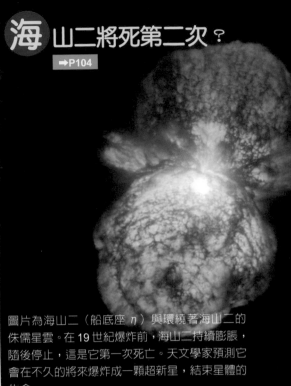

海 山二將死第二次？ ➡P104

圖片為海山二（船底座 η）與環繞著海山二的侏儒星雲。在 19 世紀爆炸前，海山二持續膨脹，隨後停止，這是它第一次死亡。天文學家預測它會在不久的將來爆炸成一顆超新星，結束星體的生命。

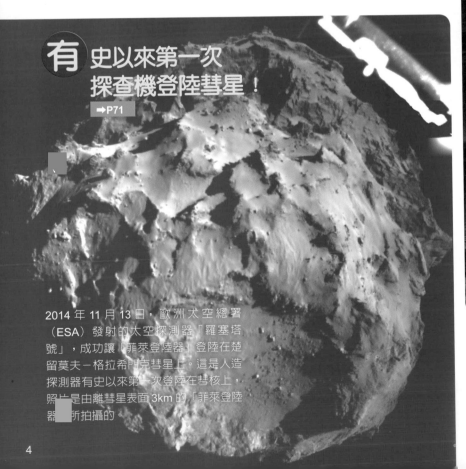

有 史以來第一次 探查機登陸彗星！ ➡P71

2014 年 11 月 13 日，歐洲太空總署（ESA）發射的太空探測器「羅塞塔號」，成功讓「菲萊登陸器」登陸在楚留莫夫－格拉希門克彗星上。這是人造探測器有史以來第一次登陸在彗核上，照片是由離彗星表面 3km 的「菲萊登陸器」所拍攝的。

不 斷發現的 太陽系外行星 ➡P114

地球是我們人類生存的星球，在廣闊宇宙中有多少和地球一樣的行星呢？為了釐清這一點，人類不斷觀測並陸續發現太陽系外行星。上方插圖是擁有兩個太陽的行星示意圖。科學家認為這類行星在外太空十分常見。

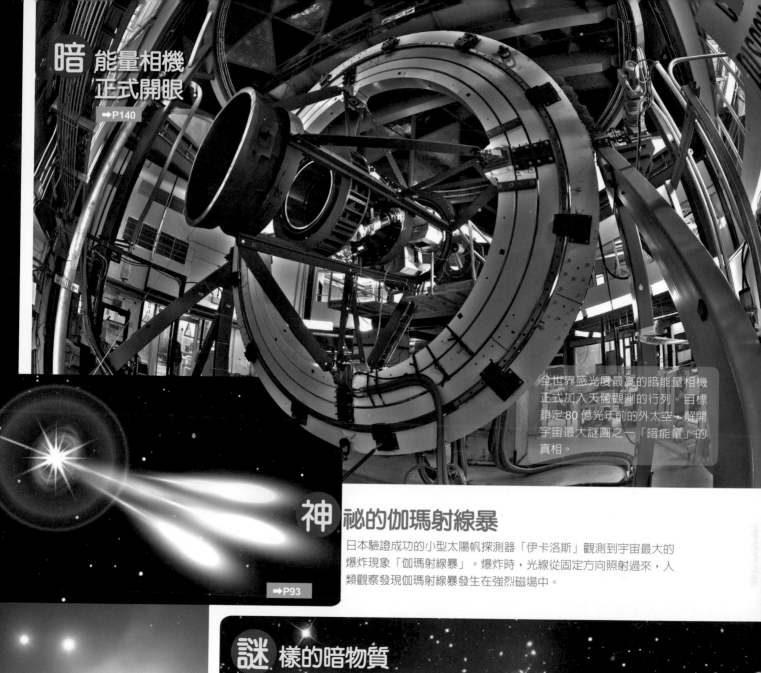

暗 能量相機
正式開眼！
➡P140

全世界感光度最高的暗能量相機正式加入天體觀測的行列。目標鎖定80億光年前的外太空，解開宇宙最大謎團之一「暗能量」的真相。

神 祕的伽瑪射線暴

日本驗證成功的小型太陽帆探測器「伊卡洛斯」觀測到宇宙最大的爆炸現象「伽瑪射線暴」。爆炸時，光線從固定方向照射過來，人類觀察發現伽瑪射線暴發生在強烈磁場中。

➡P93

謎 樣的暗物質
讓人愈來愈摸不清
➡P138

暗物質（Dark matter）是人類無法看見的物質。過去科學家一直以為暗物質存在於明亮的星系內部或附近，但最近開始在離星系很遠的地方發現。

目錄

用語集

渡部博士

尼爾

由里

第一章

太陽系　The Solar system

第二章

宇宙觀測　　Space observation

這是將機會號照片疊在其所拍攝的火星照片上完成的合成照，本書以此形式刊載許多探查機和太空望遠鏡的照片。

7

第三章

恆星的樣貌　　Star

哈伯太空望遠鏡拍到的神祕山

這張是哈伯太空望遠鏡拍到的船底座星雲局部照片，此處不斷誕生新星。由於聚集此處的塵埃與氣體看似一座高山，因此又稱為神祕山。

相關頁面請參照「星雲」第 112 頁。

第四章

銀河系・星系 The Galaxy & Galaxies

第五章

宇宙學　Cosmology

在外太空飛行的太空梭

意指可重複使用的載人太空船，由大約 250
萬個零件組成。太空梭是人類有史以來製造
過結構最複雜的機械。自從 1981 年人類發
射出第一艘太空梭後，直到 2011 年為止，太
空梭總共在外太空航行 135 次，取得無數新
發現，也為建造國際太空站做出極大貢獻。

➡ 相關頁面請參照「各種太空船」第 150 頁。

第六章

太空探索　Space development

第一章

太陽系

The Solar system

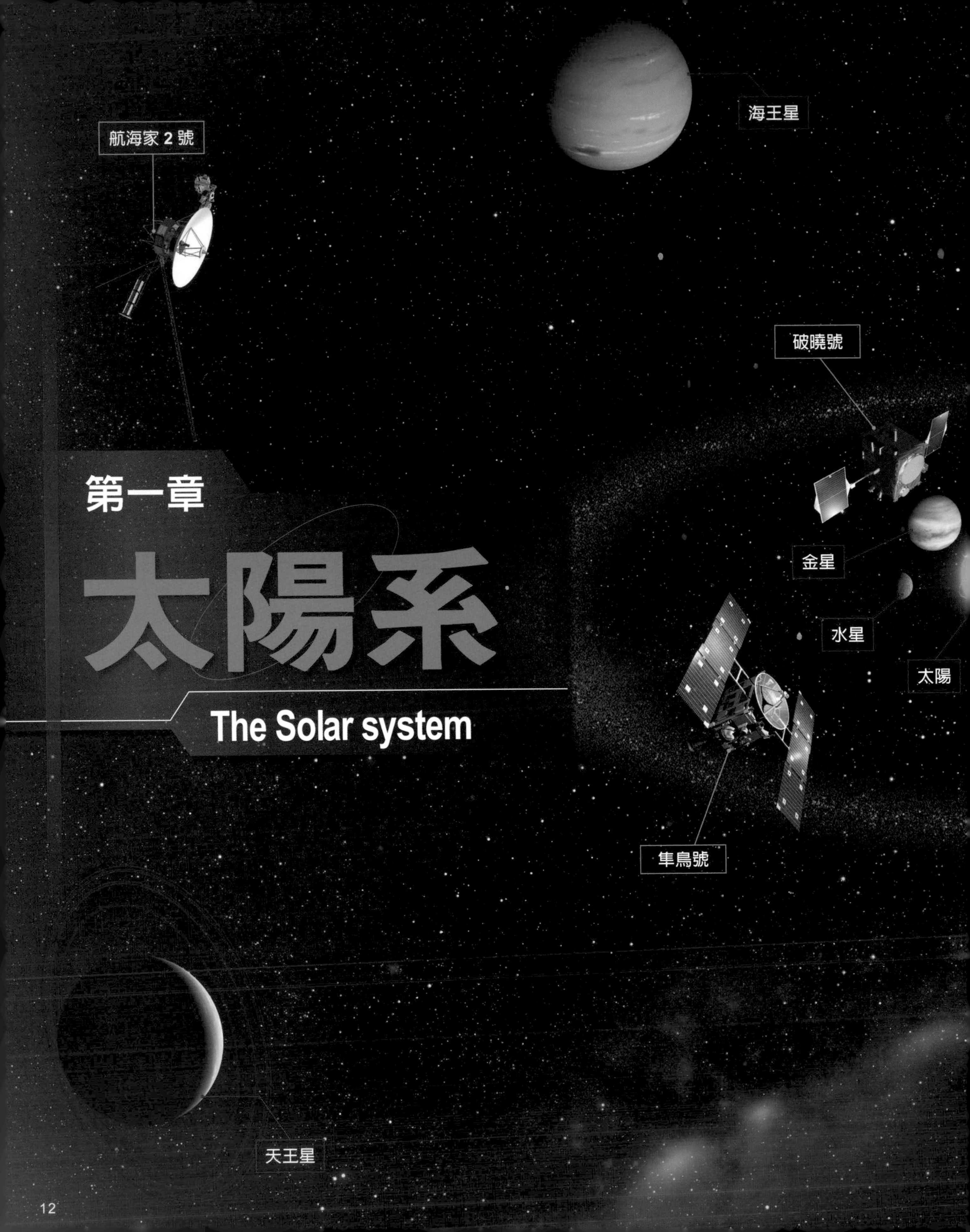

海王星
航海家 2 號
破曉號
金星
水星
太陽
隼鳥號
天王星

太陽帆探測器

渡部博士重點解說！

太陽系以太陽為中心，四周圍繞著行星、矮行星與其衛星，以及小行星、彗星等各種天體，建構出壯闊的運行結構，刻劃 46 億年的歷史。人類從一萬多年前便持續關注包括行星在內的各種天體，不只人類登陸月球，更將無人探查機送往水星、金星、火星、木星與土星等行星，試著解開太陽系的諸多謎團。不過，太陽系仍有許多人類未知的領域，人類對於太陽系的探索才剛開始！

地球

火星

木星

彗星

小行星帶

土星

卡西尼 ― 惠更斯號

A. Ikeshita

圍繞在太陽四周的各種天體

太陽系的主要天體

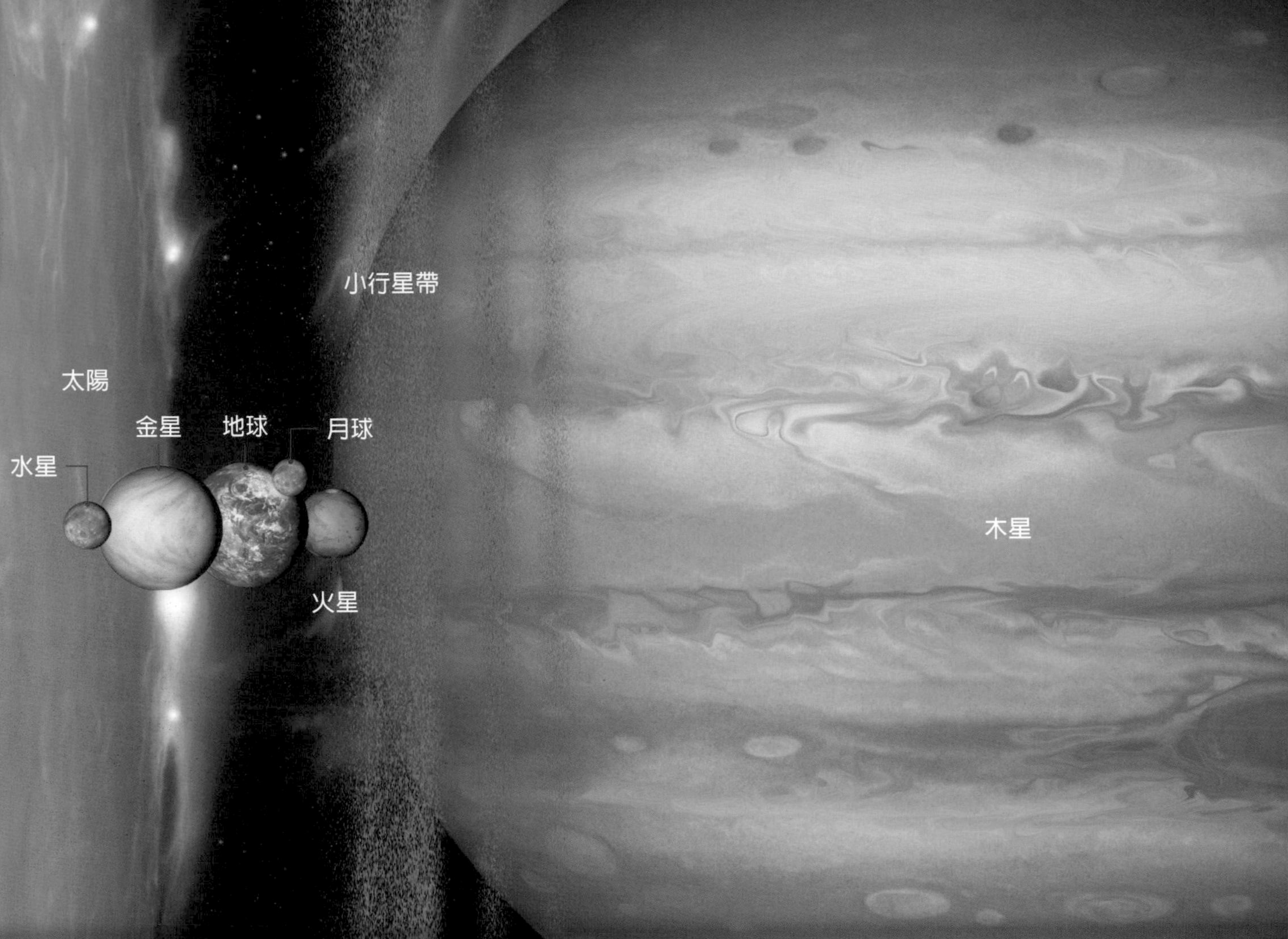

小行星帶

太陽

金星　地球　月球

水星

木星

火星

天體到太陽的距離

太陽距離地球約 1 億 4960 萬 km，此為 1 天文單位（AU），在計算太陽系內的距離時，這是最好用的計算單位。以天文單位來計算，太陽距離水星約 0.4AU、離金星約 0.7AU、離火星約 1.5AU、離小行星帶約 1.8～4.2AU、離木星約 5.2AU、離土星約 9.6AU、離天王星約 19.2AU、離海王星約 30.1AU。假設 1cm 為 1AU，在直尺上標出各行星的位置，就能實際感受太陽系行星的分布狀況。

太陽

水星（約 0.4AU）

地球（1AU）

火星（約 1.5AU）

金星（約 0.7AU）

木星（約 5.2AU）

土星（約 9.6AU）

土星

天王星

海王星

各天體的大小差異十分明顯！

顏色與構造也各有不同。

🛰 渡部博士重點解說！

水星到火星這四顆行星與地球一樣，主要由岩石構成，稱為「類地行星」。火星與木星之間有一個「小行星帶」，裡面全都是由岩石構成的小行星。小行星帶的外側圍繞著比類地行星更大的行星。太陽系最大的行星是木星，第二大的行星是土星，這兩顆都是氣體包裹著岩石核心的「氣態巨行星」。第三大與第四大的天王星和海王星，表面雖為氣體，但內部主要由冰構成，屬於「冰巨行星」。這些天體皆非偶然形成，在太陽系形成的過程中，各天體的大小與構造早已大致底定。

天王星（約 19.2AU）

海王星（約 30.1AU）

爆炸能量的集結

太陽

 渡部博士重點解說！

太陽是太陽系中最大且最重的天體，中心處產生源源不絕的能量熊熊燃燒，使其發光發熱。太陽的光與熱照耀著包括地球在內的太陽系所有天體。太陽有時會發生激烈爆炸，高溫氣體太陽風*（請參照P20）也會釋放出大量的高能量粒子。

太陽觀測衛星日出

為了解開太陽的謎團，2006 年 9 月 23 日人類將太陽觀測衛星*「日出」打上外太空。如今不僅解開了閃焰的發生過程，也創造了不少成果。「日出」是由日本主導發射的觀測衛星，並與許多外國研究機構與研究學者共同合作。

米粒組織

看似光球的細小顆粒聚集在一起，形成米粒組織。光球的中央部分是上升中的電漿，邊緣是下降中的電漿，因此看起來像是粒狀物。

光斑

光球上的白色部分稱為光斑，由於該處溫度比其他地方高，顏色也較明亮，因此看起來是白色的。

照片是美國太陽動力學天文台的 SDO 衛星，以音波拍攝的太陽模樣。

太陽黑子

在光球上看見的黑色斑點稱為太陽黑子。太陽黑子的溫度約4000K，比周圍低，因此看起來較暗。從太陽表面發射出的磁力線*（請參照P18）來自太陽黑子。

日珥

在光球外側的大氣*層形成的色球層，由一層薄薄的氣體構成。色球層的氣體隨著磁力線像火焰一樣往外噴發，即為照片中的日珥。

 用語集　　＊太陽風：超高速電漿（高溫帶電粒子）流。　　＊觀測衛星：繞著天體運行的觀測儀器。
＊磁力線：顯示磁力流向的線，使磁鐵從 N 極指向 S 極。　　＊大氣：包覆著地球等行星或衛星周圍的氣體。

太陽內部

能量從太陽核心產生，由圍繞核心的輻射層內側往外釋放，再於最外側的對流層從內往外噴發，最後回到對流層的內側。這就是太陽能量的流動方式。

色球層

光球外側有一層大氣層，名為色球層。由一層稀薄氣體形成。

核融合反應

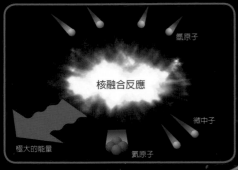

太陽核心的核融合反應將 4 個氫原子聚變成 1 個氦原子，產生極大能量。

對流層

輻射層

太陽核心

光球

肉眼可見的太陽表面稱為光球。光球是厚度達數百公里的區域，表面溫度約 6000K。

閃焰

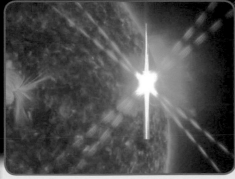

太陽表面有時會產生劇烈爆炸，釋放龐大能量，稱為閃焰。爆炸可達數分鐘或數小時之久。照片是 X 光*望遠鏡（請參照 P92）拍下，發生在 2011 年的大型閃焰。

日冕

位於色球層外側，比色球層薄，皆為高溫氣體。密度不到色球層的千分之一，溫度卻高達 100 萬 K。這張照片是由 X 光望遠鏡拍攝，發生大型閃焰後留下的日冕模樣。太陽四周的淡紅色區域即為日冕。

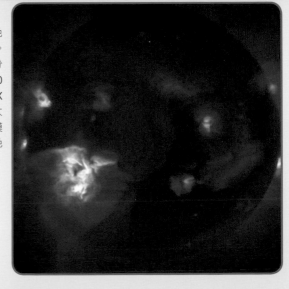

📊 基本資料

直徑⋯⋯⋯⋯139 萬 2000km（地球的 109 倍）
質量⋯⋯⋯⋯地球的 33 萬倍
體積⋯⋯⋯⋯$1.41 \times 10^{27} m^2$（地球的 130 萬倍）
自轉週期⋯⋯約 25 ～ 31 天

太陽是由高溫氣體形成的星球，主要元素為氫與氦。赤道的自轉週期*約為 25 天，緯度愈高，自轉週期愈長。南北極等極區附近的自轉週期約為 31 天。

用語集　＊X 光：照 X 光片時使用的放射線。　＊自轉週期：天體以自己為中心旋轉的週期，地球的自轉週期約為 1 天。

由太陽黑子形成的磁場

太陽磁場

渡部博士重點解說！

太陽活動與磁場*息息相關，從太陽黑子射出的磁力線，形成向外噴發的太陽磁場。太陽黑子的數量與位置影響太陽活動的活躍程度。從太陽往外噴出看似火焰的日珥，沿著往外噴發的磁力線形成色球層*（請參照 P17）。不僅如此，天文學家也發現閃焰等爆炸現象同樣與磁場有著緊密的關係。

日珥

從太陽往外噴出看似火焰的部分稱為日珥。這是從太陽表面往外噴發的磁力線，帶起色球層的氣體形成的現象。

太陽黑子

因太陽自轉而扭曲的磁力線，從太陽內部往外射出，最後再回到太陽內部。磁力線的進出點皆為太陽黑子。磁力線的進出會阻礙太陽能量的流動，因此此處溫度比周圍低，看起來是黑色的。

磁力線

就像磁鐵一樣，太陽也有磁場。顯示磁場作用方向的線條稱為磁力線。太陽活動的強弱與磁力線息息相關。

用語集　*磁場：磁力作用的空間。　*色球層：覆蓋在太陽表面，由稀薄氣體形成的大氣層。

往外噴發的閃焰

閃焰在日冕中上升，引發 CME（請參照 P20）。

閃焰

閃焰指的是太陽表面的爆炸現象。從太陽表面射出的磁力線在中間產生糾結，互相排斥彈開，科學家認為此時產生的能量正是引發閃焰的原因。

落至太陽表面的日珥

閃焰發生後，日珥就會朝太陽表面落下。

揭開磁場的神祕面紗！

太陽自轉

如同地球和其他行星，太陽也會自轉*。太陽自轉一周所需的時間，在南北極和赤道附近不同。這就是由氣體形成的太陽最令人玩味之處。由於太陽在赤道附近的自轉速度較快，使得太陽表面的磁力線出現逐漸彎曲的現象。

太陽磁場每 11 年反轉一次

若假設太陽內部有一根磁棒，當北極為 S 極的時候，南極就是 N 極。地球磁場不會隨著時間變化，但太陽磁場每隔 11 年會反轉一次。此週期與太陽活動週期一致，太陽活動頻繁時，通常會出現許多太陽黑子。

上方照片是將每一年觀測到的太陽連接在一起形成的合成照。

磁場有 4 極？

當太陽的北極從 S 極開始轉換成 N 極，南極仍維持 N 極。此時從這兩處 N 極所射出的磁力線，會與赤道附近形成的 S 極連結在一起。

用語集 ▶ *自轉：天體以自己為中心旋轉的現象。

水星

水星

渡部博士重點解說！

水星在離太陽最近的位置環繞，也是太陽系中最小最輕的行星。光看「水星」這個名字，總給人一種清涼的感覺，事實上卻不是這麼一回事。白天陽光普照的時候，水星地表高達430℃，宛如炙熱地獄；到了晚上氣溫驟降，來到零下160℃左右。高低溫差約達600℃，可說是太陽系中溫差最大的行星。

水星這個名稱感覺很適合住人……

其實根本不能住！

公轉與自轉

水星花 88 天繞行太陽一周，花 59 天自轉*一周。換句話說，水星在繞著太陽公轉*2 次的過程中已自轉 3 次。

水星最長的一天

若將這次黎明到下一次黎明作為水星的一天，以地球時間來計算，水星的白天為地球的 88 天，緊接著降臨的夜晚也是 88 天。換句話說，水星的一天為地球的 176 天。

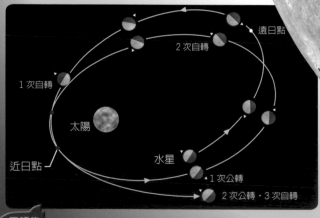

遠日點

2 次自轉

1 次自轉

太陽

水星

近日點

1 次公轉

2 次公轉・3 次自轉

橢圓軌道之謎

水星繞行太陽的軌道*為略扁的圓形，也就是橢圓形。水星在最接近太陽的近日點，離太陽 4600 萬 km；在最遠的遠日點為 6980 萬 km。以行星而言水星的公轉軌道最不工整。

用語集　＊自轉：天體以自己為中心旋轉的現象。　＊公轉：天體在一定週期內繞行其他天體的現象。　＊軌道：物體運動的路線。

水星探查機

水手 10 號

1973 年 NASA（美國太空總署）送上太空的探測船。在 1974 ～ 1975 年之間 3 次接近水星進行探查。「水手 10 號」是第一個探測水星與金星兩大行星的探測船。

卡洛里盆地

卡洛里盆地是水星最大的撞擊坑*（照片中的黃色部分），直徑 1300km，為水星直徑的 1/4 以上。科學家認為此地形是 38 億年前，水星與一顆巨大隕石撞擊而成。根據探測衛星「信使號」收集到的資料，卡洛里盆地內部地質的含鐵量比周遭少，此地地形過去原本是火山口。

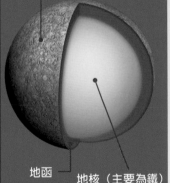

地殼

地函　　地核（主要為鐵）

▐▋▐ 基本資料

直徑	4880 萬 km（地球的 0.4 倍）
質量	地球的 1/18
自轉週期	59 天
公轉週期	88 天
到太陽的距離	平均 5791 萬 km（地球的 0.4 倍）

水星是一顆地核達直徑 3/4 的行星，地核成分為鐵與鎳等金屬，外側為岩石質地的地函*，表面覆蓋一層地殼*。小小的水星雖沒有地球般的磁場*，但「水手 10 號」探測船發現到微弱的磁場。如今科學家尚未釐清水星磁場的生成機制。

信使號

NASA 第二座送上太空探測水星的探查機。2004 年送上太空，2011 年進入在水星四周環繞的軌道，進行觀測。

水星上有冰？

南極的永夜坑

水星的撞擊坑有一處地方完全照射不到太陽。根據地球上的雷達觀測與「信使號」探測衛星得到的資料，在南極的撞擊坑（右方照片）發現冰的存在。

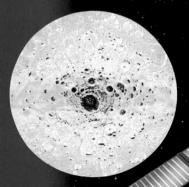

貝皮可倫坡號

日本與 ESA（歐洲太空總署）共同合作的水星探測計畫。在 2018 年 10 月 發射升空。目的在於解開水星磁場誕生之謎，同時探查水星的內部構造。

用語集　*撞擊坑：天體上看似火山口的圓形窪隆。　*地函：覆蓋在行星或衛星地核外側的地層。
*地殼：天體的固態表層。　*磁場：磁力作用的空間。

23

雲之下的廣闊大地

金星的樣貌

瑪阿特山

位於阿佛洛狄忒陸東邊，高度為 8000m 的火山。從火山口流出的熔岩在山麓遍布幾百公里。科學家認為金星到現在仍有火山活動，但尚未發現證據。此圖片根據麥哲倫太空船收集的資料所製成，刻意突顯高度。

渡部博士重點解說！

金星表面是 3 ～ 5 億年前形成。雖說 3 ～ 5 億年前聽起來十分遙遠，但與水星和地球相較十分年輕。由於金星表面覆蓋一層岩漿，由此推斷金星表面在 3 ～ 5 億年前受到火山活動影響，完全變了樣。現在的太陽系中，只有地球與木衛一（埃歐／請參照 P56）有火山活動的證據。金星的火山活動是否已結束？或是仍有尚未發現的活火山？

多次嘗試登陸的探測器

蘇聯（現在的俄國）於 1961 年發射「金星 7 號」上金星，直到 1983 年為止，蘇聯總共發射了 16 次太空探測器探查金星。由於金星地表溫度高達 460℃，大氣狀態也是高溫高壓，不少探測器遭到大氣破壞。「金星 7 號」是首個成功登陸的探測器。「金星 13 號」與「金星 14 號」則是首次拍下金星的彩色照片。

金星 7 號

金星 13 號拍攝的地表照片

金星的地形

東經 180 度

這是「麥哲倫太空船」以雷達拍下的地形圖。藍色部分為低地，褐色部分的高地稱為 Terra（地或陸）。赤道附近往東西方向延伸的是阿佛洛狄忒陸，是金星最大的大陸。東邊盡頭有一座瑪阿特山。

阿佛洛狄忒陸　　瑪阿特山

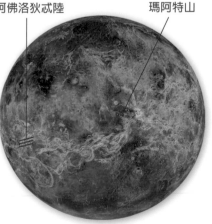

吉祥天高原　　馬克士威山脈　　伊師塔地

東經 0 度

金星的北極可看到與地球澳洲大陸一樣大的伊師塔地，西部有一座高 3000 ～ 5000m 的吉祥天高原。紅色的部分是金星最高的馬克士威山脈，高度達 1 萬 1000m。

從地球上看見的
水星與金星的模樣

水星與金星在地球內側公轉，在地球上只有傍晚的西方天空（比太陽晚西下時），與早晨的東方天空（比太陽早東升時）可以看到。水星離太陽較近，較難以肉眼觀測。但金星是太陽系中最亮的行星，也是傍晚第一顆出現的星星，因此較容易看到。使用望遠觀測，可發現水星與金星像月球一樣有陰晴圓缺的變化。

通過日面的金星

照片是金星通過太陽盤面的「金星凌日」現象。一般來說，金星從太陽的北邊與南邊經過，我們無法看見，但如果碰到絕佳的相對位置，我們可以看見金星的影子通過太陽盤面的模樣。相隔 8 年通過 2 次後，接下來要等 100 多年才能再看到。

通過日面的水星

水星也同樣會經過太陽盤面，我們可以看見水星影子在盤面上的模樣。由於水星的公轉週期較短，100 年內可看見十多次。

陰晴圓缺的水星與金星

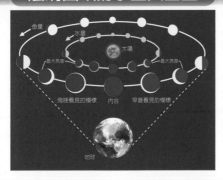

在離地球最遠的角度，金星與水星看起來為半圓。若來到離地球最近的位置（內合），在地球上無法看見這兩顆星星。若用望遠鏡觀測，可看出陰晴圓缺的大小。金星與水星來到最大亮度的角度，是最容易觀測的位置。

水星與金星都在地球內側公轉，因此只有傍晚和早晨可以看見。也就是在太陽之後西沉和比太陽早東升的時候。位於太陽遠邊和近邊時，在地球上無法看到。

在天空閃耀的金星

照片上方的白點為金星繞行的軌道。金星出現在傍晚的西方天空 9 個月後，接下來的 9 個月會出現在早晨的東方天空。遇到絕佳的天候條件，可在日落後的 2 小時之內或日出前的 2 小時看見金星。各位若在傍晚太陽下沉後的西方天空看到最亮的一顆星，那很可能就是金星。

不容易看見的水星

水星距離太陽很近，因此當太陽、地球連線與地球、水星連線所成的角度，其最大角度也只有 28 度。在地球上看到水星的時間相當短。與金星相同，只能在日落後的西方與日出前的東方天空低處看到。

奇蹟的行星

地球①

渡部博士重點解說！

這張是國際太空站拍到的地球照片，可看到城市的燈光、大氣光與極光閃閃發亮。地球是太陽系中唯一有許多生物存在的行星，以距離太陽的位置排名為第三，存在大量的水。受到磁場*與厚達數百公里的大氣*保護，孕育著豐富多樣的生物與植物。

極光

地球磁場吸附太陽風吹來帶電荷的電漿粒子，在北極或南極天空發光的現象稱為「極光」。極光最低可在 80 ～ 100km、最高可在 220 ～ 250km 處發光。

大氣光

在高度超過 90km 的高空層，大氣發出的光稱為大氣光。太陽內含的紫外線*給予大氣能量，是其在夜晚發光的原因。

城市燈光

從國際太空站俯瞰夜晚的地球，可以看到人群聚集的城鎮所發出的明亮燈光。

藍色海洋

地球表面約七成是海洋，地球是太陽系中唯一一顆目前已知有這麼多液態水的行星。對於生長著各種生物的地球環境來說，海洋扮演著不可或缺的重要角色。

各種生物

地球上生長著各式各樣的生物，若包括至今仍未發現的生物，科學家預估應該有數百萬到數千萬種生物。

用語集　＊磁場：磁力作用的空間。　＊大氣：包覆著地球（行星）周圍的氣體。　＊紫外線：內含於太陽光之中，眼睛看不見的光線。

地球①

基本資料

直徑‥‥‥‥‥1 萬 2756km
自轉週期‥‥‥23 小時 56 分 ※
公轉週期‥‥‥365.26 天

在以金屬核心和岩石組成的類地行星中，地球是太陽系中最大的星球。
※ 受到公轉影響，太陽角度產生變化，因此一天的長度比自轉週期長 4 分鐘左右。

國際太空站

國際太空站（ISS）是興建在外太空高度約 400km 處的有人實驗設施，繞行地球一周需要 90 分鐘。日本開發了「希望號」實驗艙，進行各種實驗。

雷

雷通常發生在 5 ～ 10km 的天空處，從國際太空站往下看，可觀測到雷發出的白色光芒。

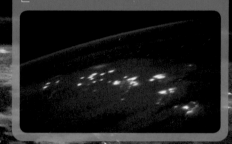

紅色精靈

發生在高度 50 ～ 90km 處的紅色放電現象。紅色是氮的顏色，發生地方不同會產生不同形狀，相當神奇。

豐富的森林

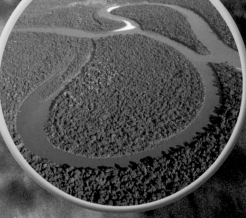

在所有生物中，植物透過光合作用※將大氣中的二氧化碳換成氧氣，扮演重要角色。包括人類在內，大多數動物都靠呼吸植物生成的氧氣維持生命。

城市燈光好漂亮喔！

不用的電器要記得隨手關閉電源喔！

地球大氣

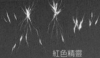
ISS

熱層

熱層高度在 80km 以上，受到太陽風影響，溫度達 1000℃，屬於高溫層。高度擴及 500km 左右。

極光

★ 雷射導引星

中氣層

二氧化碳將熱排出外太空，氣溫會隨著高度下降。

紅色精靈

觀測用氣球

平流層

大氣有一層臭氧層吸收太陽釋放的紫外線，原本在對流層下降的氣溫再次上升。高度 50km 附近的氣溫約為 0℃。

對流層

空氣活動劇烈，產生雨和雲等各種氣候現象。若將地球想像成直徑 1m 的球，對流層厚度只有 1mm。高度愈高，氣溫愈低。

高層雲

500
400
300
200
100
50
10
高度（km）0

用語集 ※光合作用：植物利用水、光（太陽）與二氧化碳製造氧氣的化學反應。

29

大地與大氣充滿活動力！

地球②

 渡部博士重點解說！

地底深處約 2900km 的地球內部有一個金屬組成的地核。超過 4000℃的液態金屬在地核不斷對流，產生磁場。地核四周是岩石組成的地函，引起火山爆發與地震，長年累月使大陸移動。此外，太陽能量溫暖大氣＊，引起風、製造雲並且降雨。大地與大氣皆頻繁活動，這就是地球的特性。

高速氣流

中緯度帶的費雷爾環流，與極地環流、哈德里環流的交界，產生一股由東往西的強大風切變，稱為「高速氣流」。

極地東風帶

貿易風

大氣活動

大氣變暖就會變輕並往上升，接著往冷空氣的方向下降，形成循環。赤道附近幾乎位於太陽光的正下方，大氣的加熱效果最好。赤道附近與兩極的溫差就是圍繞著地球的大氣產生流動的原因。

地球內部活動

地核與地殼之間的地函＊會鎖住外核到地殼之間的熱氣，使地殼與地函的一部分板塊＊位移。地函移動的板塊受到海水冷卻，沉到大陸底下，再進一步沉入地函中。地函的流動現象稱為羽流。

外核

由融化的鐵與鎳等液態金屬組成。由內往外上升傳遞熱能，冷卻後再往內部下沉，產生對流，創造磁場。

地殼

從地表往下 30 ～ 70km 深度的岩石層。

磁場

地球就像一塊大磁鐵，從南北兩極釋放磁力。磁力如右圖以畫圓的感覺流動並作用，磁力作用的空間就是磁場。

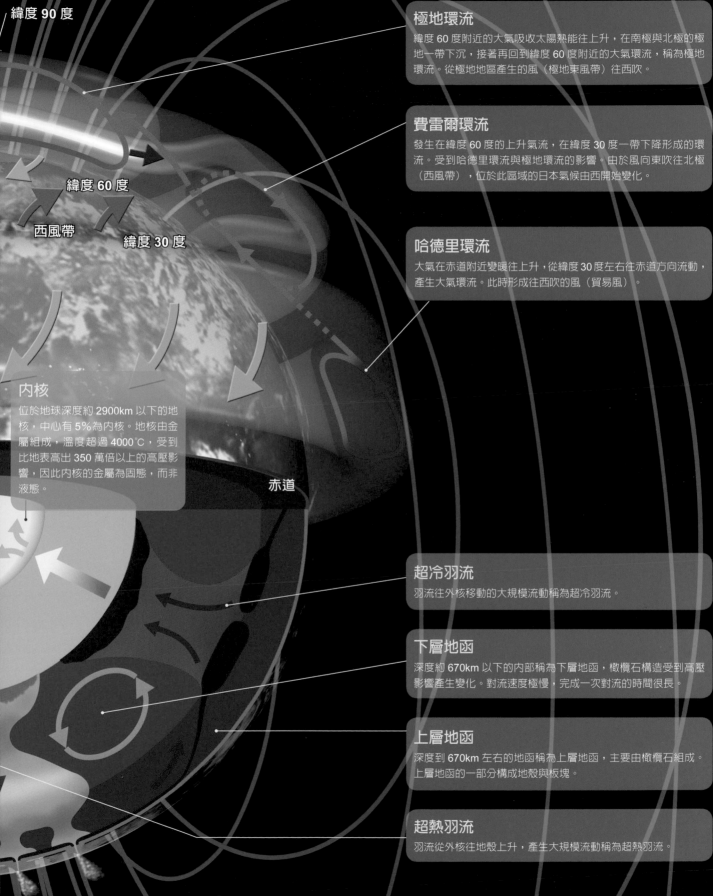

緯度 90 度

緯度 60 度

西風帶

緯度 30 度

赤道

極地環流

緯度 60 度附近的大氣吸收太陽熱能往上升，在南極與北極的極地一帶下沉，接著再回到緯度 60 度附近的大氣環流，稱為極地環流。從極地地區產生的風（極地東風帶）往西吹。

費雷爾環流

發生在緯度 60 度的上升氣流，在緯度 30 度一帶下降形成的環流。受到哈德里環流與極地環流的影響。由於風向東吹往北極（西風帶），位於此區域的日本氣候由西開始變化。

哈德里環流

大氣在赤道附近變暖往上升，從緯度 30 度左右往赤道方向流動，產生大氣環流。此時形成往西吹的風（貿易風）。

內核

位於地球深度約 2900km 以下的地核，中心有 5% 為內核。地核由金屬組成，溫度超過 4000℃，受到比地表高出 350 萬倍以上的高壓影響，因此內核的金屬為固態，而非液態。

超冷羽流

羽流往外核移動的大規模流動稱為超冷羽流。

下層地函

深度約 670km 以下的內部稱為下層地函，橄欖石構造受到高壓影響產生變化。對流速度極慢，完成一次對流的時間很長。

上層地函

深度到 670km 左右的地函稱為上層地函，主要由橄欖石組成。上層地函的一部分構成地殼與板塊。

超熱羽流

羽流從外核往地殼上升，產生大規模流動稱為超熱羽流。

這就是命中注定的相遇……

地球與月球的誕生

渡部博士重點解說！

月球大小約為地球的 1/4，若以相對大小來看，月球是一顆很大的衛星。科學家尚未釐清月球究竟如何形成，不過，目前最有力的學說是有一顆原行星*撞到了原始地球*，因而產生月球。這就是「大碰撞說」。

A. Ikeshita

用語集　*原行星：微行星撞擊而成，大小如月球，成為行星前的天體。　*原始地球：誕生於 46 億年前的地球。

大碰撞說

地球是 46 億年前，由塵埃聚集而成、直徑達數公里的大型微行星*或原行星，經過不斷撞擊、合體，成長至現在的大小。地球後來與大小如同火星的原行星相撞，形成月球。這就是大碰撞說的理論。

原始地球與火星大小的天體相撞，撞出了地球的地函*。

這次的撞擊撞出了地球核心，飛出大量碎片，無數碎片繞著地球旋轉，形成吸積盤。

碎片在吸積盤內持續旋轉，形成岩石碎片，碎片彼此撞擊，急速長大。

變大的天體吸附附近的岩石碎片，最後聚集成一顆月球。

用語集　＊微行星：直徑數公里的天體。　＊地函：覆蓋在行星或衛星地核外側的地層。

月球的公轉與自轉

 渡部博士重點解說！

各位每天看到的月亮形狀都不同，是否覺得不可思議？事實上，月亮的形狀並未改變，而是地球相對月球的位置每天略有不同，使得太陽光照射在月球上的面積產生變化，讓月亮看起來有些不一樣。過去有些地區以月亮的陰晴圓缺創建曆法，這些地區因月亮週期發生各種神祕現象。其中之一就是潮汐力引發海水的滿潮與乾潮。

3 上弦月

4

5 滿月

6

7 下弦月

月亮的陰晴圓缺

與地球一樣，太陽光永遠只會照到月球的一半（一面）。不過，受到月球繞著地球公轉的影響，從地球觀察月球，會發現陽光照射的面積每天都不一樣。這就是月亮產生陰晴圓缺的原因。如①所示，當月球來到地球和太陽之間，從地球上看不見陽光照到月球的那一面，此為新月。如⑤所示，當月球隔著地球來到太陽的反邊，陽光照到月球的那一面就會正對地球，月球看起來十分圓滿，此為滿月。從右圖即可得知，相對於地球與太陽，當月球來到不同位置，形狀就會跟著改變。

高漲的海水　乾潮　後退的海水

滿潮

月球引力

後退的海水　乾潮

滿潮

高漲的海水

產生滿潮與乾潮的原因

潮汐力是引起地球海水產生滿潮與乾潮現象的原因，來自太陽引力與地球自轉產生的離心力等各種力量。其中影響力最大的是月球引力。月球引力會將海水引過來，使水位高漲。此外，當此處水位高漲，即代表另一處水位變低，這就是乾潮現象。滿潮與乾潮的程度會因太陽和月亮的相對位置改變。

實際看見的月亮範圍

太陽光 →(arrow left)

① (top)

②

太陽光 →(arrow left)

③

2 蛾眉月

④

月球軌道

左圖顯示地球與月球的公轉軌道。月球繞著地球公轉，同時也與地球一起繞著太陽公轉。總的來說，月球軌道就像橘色軌道所示，沿著地球的公轉軌道運行。月球左邊的編號是當時從地球看見的月亮形狀。

⑤

① 新月

■：地球軌道　■：月球的實際軌道
□：從地球上看到的月球運行軌道

宇 宙 與 人

● 月亮為什麼不會掉下來？ ●

蘋果會掉在地上，為什麼月球不會掉在地球上？牛頓發現萬有引力，他認為萬物皆有引力。根據萬有引力理論，蘋果與地球皆產生相同引力，只是因為蘋果較輕，因此看似直接落至地面。另一方面，月球距離地球很遠，又繞著地球四周運行，即使受到地球引力影響也不會掉下來。

艾薩克‧牛頓
（1642～1727）

⑥

太陽光 →(arrow left)

⑦

太陽光 →(arrow left)

⑧

⑧

滿潮與乾潮

日本廣島縣的嚴島神社是名聞遐邇的海上神社，滿潮與乾潮的最大潮差達4m，如右方照片所示，乾潮時甚至可看見地面。

天體現象的主宰
日食與月食

日全食

日全食外有一圈光暈，這是太陽的日冕。地球各地平均 1～2 年可觀測到一次，唯有日本數十年才能看到一次。

太陽不見了！

古代人一定嚇死了！

渡部博士重點解說！

月球來到地球與太陽之間遮住太陽的現象，稱為「日食」。月球完全遮住太陽的日全食會使四周變得昏暗，變黑的太陽周圍產生一圈日冕*（請參照 P17），看起來如夢似幻，令人感到神奇。另一方面，當滿月進入地球的陰影處，就會形成「月食」。日食與月食都是平時很難看到的自然現象，有機會時千萬不要錯過！

月球的影子

發生日食現象時，月球的影子會落在地球上，位於此處的人們可以看見日食。

月球遮住太陽形成日食

當繞行太陽的地球與地球衛星「月球」形成一直線，照射地球的太陽就會被月球遮住。遮住整顆太陽的現象稱為「日全食」，遮住部分太陽的現象稱為「日偏食」。

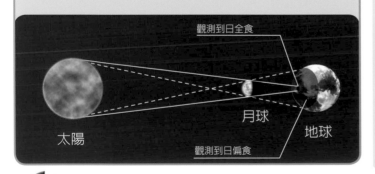

觀測到日全食

太陽　　月球　　地球

觀測到日偏食

宇宙與人

●古代人與日食●

從古至今，人類留下了許多與日食有關的傳說與神話。古代人完全不知道為什麼會發生日食，因此當天地突然漆黑一片，太陽消失的日全食現象發生，以前的人一定會感到十分驚恐。日本神話中的《天岩戶》敘述著天照大神躲在天岩戶裡，引發日全食，於是眾神用盡各種方式將祂引出的故事。

在《天岩戶》神話中，躲在天岩戶裡的天照大神再次現身，世界又恢復光明。

古希臘宗教崇拜的神祇阿胡拉·馬茲達雕刻。學者認為圓圈為太陽，翅膀是日冕。

用語集 *日冕：圍繞太陽四周的稀薄高溫氣體層。

不同的日食形狀

鑽石環

當太陽完全被月球遮住，或太陽再次現身那一刻看見的陽光，感覺就像鑽石戒指閃閃發亮。

日環食

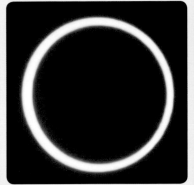

月球與地球的距離並非永遠相同，月亮較遠時看起來較小，因此發生日食時無法完全遮住，會在邊緣露出一圈太陽，形狀就像是金戒指。此現象稱為「日環食」。

葉影流光如夢似幻

照片中看到許多圓形的葉影流光，這些宛如層層相疊的葉片形成的小小縫隙，反射著日食的陽光。

雖說月球遮住了太陽的一部分，但以肉眼直視日食是很危險的行為。觀測日食時請務必戴上專用的日食眼鏡。

月全食

當滿月進入地球的影子就會產生月全食。儘管整顆月球埋入影子之中，但太陽的紅色光線還是受到地球大氣*影響彎曲，些微光線傳遞至月球，使月亮看起來微微發紅。

地球創造的鑽石環

右方照片為月球探查機「月亮女神號」（請參照 P36）拍下的地球鑽石環。月食發生時若從月球觀測，會發現太陽被地球遮住，產生日食現象。

地球遮住太陽形成月食

滿月時若太陽、地球與月球成一直線，就會產生月食現象。月球通過地球影子的期間，滿月會先慢慢從圓變缺，再恢復到滿月的狀態。相對於地球的公轉軌道*，月球軌道稍微傾斜，因此即使是滿月，唯有月球接近地球公轉軌道面的時候，才會產生月食。

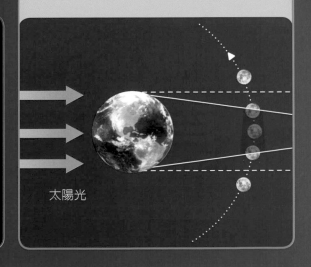

太陽光

火星

火星的衛星

火衛二　　　　　火衛一

站在火星的赤道上，每天可以觀測到兩次從西邊快速升起，從東邊下降的火衛一（福波斯）。火衛一的直徑不到 30km，在火星赤道上空的 9000km 附近公轉*，天文學家預測五千萬年後，火衛一很可能掉在火星表面，或在軌道*上粉粹，形成圍繞火星的環。火衛二（得摩斯）比火衛一小，在比火衛一遠的地方繞著火星公轉，受到火星自轉*的影響，看起來像是由東往西移動。一般認為，這兩顆衛星都是從小行星帶飛過來的小行星，受到火星重力牽引才會變成衛星。

水手號谷

 渡部博士重點解說！

火星是最像地球的行星，天文學家認為數十億年前，火星上也有河川與大海的存在。火星自古就是眾所周知的「紅色星星」，火星的紅色在於火星大地富含的氧化鐵（紅色鐵鏽）。此外，火星的自轉軸稍微傾斜，與地球一樣有季節之分。包括巨型火山、峽谷*、撞擊坑*（又稱隕石坑或環形山）、位於南北兩極由冰組成的極冠*等豐富地形令人深感興趣。究竟火星上有沒有生物？火星是不是已經死亡的行星？層層謎團仍待解開！

地殼　　地函

地核
（主要為鐵與岩石）

基本資料

直徑……………6792km（地球的 0.5 倍）
質量……………地球的 1/10
自轉週期…………24 小時 37 分
公轉週期…………687 天
到太陽的距離……平均 2 億 2794 萬 km
　　　　　　　　（地球的 1.5 倍）

火星有地球的一半大，質量只有十分之一。重力很小，地球上 10kg 的物體到了火星只有 4kg 重。岩漿*覆蓋火星表面，形成岩石地質，在大多數地區從地表往下數公尺累積著厚厚沙塵。雖有一層稀薄大氣*，但從不下雨。

火星接近地球的軌道

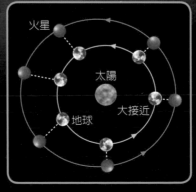

火星
太陽
地球
大接近

地球在比火星更近的地方，以比火星更快的速度繞行太陽，有時會追過火星。此時地球與火星距離最近，每 2 年 2 個月左右，火星就會接近一次地球。此外，地球與火星的軌道呈略扁的圓形（橢圓），由於這個緣故，每隔 15 ～ 17 年會出現兩者距離最近的現象，稱為「火星大接近」。

用語集

＊公轉：天體在一定週期內繞行其他天體的現象。　＊軌道：物體運動的路徑。　＊自轉：天體以自己為中心旋轉的現象。
＊峽谷：由寬度較窄並往地底深切的陡坡構成的谷地。　＊撞擊坑：天體上看似火山口的圓形窪隆。　＊極冠：出現於行星與衛星的北極或南極，覆蓋著薄冰的地區。
＊岩漿：位於地下的岩石融化形成的液態物質。　＊大氣：包覆著地球等行星或衛星周圍的氣體。

過去曾存在水

火星探測器在火星各地發現過去曾有河川流動的各種地形。後方照片是位於火星南半球、體積不大的牛頓撞擊坑，科學家認為傾斜的坡道是地層*湧水，流經地表而成的地形。

太陽系最大最深的峽谷

水手號谷

VS.

大峽谷（地球）

火星明明比地球小，峽谷和火山卻大得驚人！

美國的科羅拉多河花了數百萬年切割出地球最大的大峽谷。大峽谷長446km、深1.6km、寬度最大為29km。無論是形成方式與規模皆比不上水手號谷。

火星赤道附近有一處地形看似嚴重破裂的傷口，這處長度超過2000km、寬約200km、深達7km的巨型峽谷稱為「水手號谷」。科學家認為這是地殼*受到強烈力量作用，產生斷層，導致地表碎裂，後來又被強風切割所形成的壯闊峽谷。

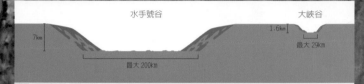

水手號谷與大峽谷之比較

水手號谷	大峽谷
7km	1.6km
最大200km	最大29km

太陽系最大的火山

奧林帕斯山

平緩的坡道延伸出700km的山麓，高度達2萬5000m，接近聖母峰的3倍。由於地底板塊不會移動，火山口也不會偏移，在經過無數次噴發後，成為特別突出的巨型火山。

毛納基火山（地球）

VS.

世界各國的望遠鏡齊聚於美國夏威夷的毛納基火山，這座火山的海拔高度為4205m。岩漿流經的山麓擴及海底，從海底到山頂的高度達1萬203m。如果沒有大海，毛納基火山的山勢會更為雄偉，即使如此，仍無法與奧林帕斯山相較。

奧林帕斯山與毛納基火山的比較

奧林帕斯山
2萬5000m
毛納基火山
地球的海平面
1萬203m

用語集　＊地層：經年累月下，土、沙、火山礫等堆積而成的一定層位。
　　　　＊地殼：天體的固態表層。

冰與大氣為火星增添表情

火星的樣貌

渡部博士重點解說！

由於大氣*中布滿細微塵埃，使得火星的天空帶著橘色。大氣的主要成分是二氧化碳，一到冬天二氧化碳就會結凍，在南北兩極地區降下近似乾冰的雪。火星雖有些微的水蒸氣，但氣候十分乾燥，冬季平均氣溫為 -90℃、夏季為 0℃，溫差相當大。南半球氣候差異比北半球劇烈，夏季可達 30℃。儘管火星的大氣密度只有地球大氣密度的 1%，天文學家還是發現了包括大規模沙塵暴在內的各種氣候現象。

為火星增添色彩的冰

極冠

覆蓋極冠*的乾冰下方為永凍土*，幾乎是由水結成的冰構成。假設這層冰融化成液態水，火星表面將形成一片深度達 11m 的海洋。

火星的春天

這是從上空拍攝南極極冠的照片。一到春天，太陽熱度會加熱南極冠的乾冰，形成氣體。顏色看起來偏黑的物體就是摻雜砂土與灰塵的二氧化碳氣體噴發後留下的痕跡。

堆積在地上的霜

1970 年代後期，美國的火星探測器「維京 2 號」首次在火星大地發現霜的存在。後來的火星探測器又在冬天的兩極地區發現一處區域，覆蓋著薄薄一層二氧化碳與水形成的霜。2012 年也確認了火星上的乾冰會變成雪，飄落並堆積在地表上。

用語集　*大氣：包覆著地球等行星或衛星周圍的氣體。　*極冠：出現於行星與衛星的北極或南極，覆蓋著一層冰的地區。
*永凍土：長時間處於冰凍狀態的土層。

侵襲火星的沙塵暴

天氣晴朗的時候　　遭受沙塵暴襲擊時

沙塵暴

火星上幾乎所有沙塵暴（Dust storm）都是從位於南半球、幅員遼闊的希臘平原吹起。沙塵暴在數小時內生成發展，只要短短幾天即可覆蓋火星所有地表。由於規模太大，在地球只要使用小型望遠鏡就能觀測。

火星探查機「火星偵察軌道衛星」拍攝到巨型沙塵暴。沙塵暴有時會發展成巨型龍捲風。

在火星上橫行的龍捲風

塵捲風通過後，在火星表面留下神祕的痕跡。

塵捲風（Dust devil）

太陽熱能導致火星表面溫度上升，地表的暖空氣會捲起沙塵，形成小型龍捲風。其在地表上橫衝直撞的模樣，就像是在尋找獵物的「沙塵惡魔」，故取名為「Dust devil」。

藍色夕陽

火星大氣含有大量沙塵，沙塵吸收紅光的程度愈高，藍光愈明顯。這就是火星上的夕陽是藍色的原因。

火星的冰可以吃嗎？

藍色夕陽充滿神祕感！

從地球來的使者

火星與
太空探測船

火星四周的太空探測船

進入火星軌道的太空探測船在火星上空收集各種資料，包括火星表面的詳細地形數據、季節變化導致的地表變化、火星衛星觀測等。人類以這個方式逐漸揭開火星的真實面貌。

渡部博士重點解說！

從 1960 年代起，美國、蘇聯（現在的俄國）、歐洲各國和日本等國紛紛以火星為目標，展開無人探測計畫，計畫數量超過 40 個。儘管半數以上的計畫失敗，成功探查的計畫還是有許多新發現。不過，留下的謎團仍未釐清，需要日後繼續探查。期待在 2030 年代，人類即可實現前往火星的載人飛行計畫！

維京 1 號

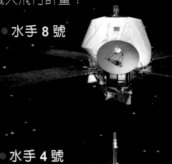

● 水手 8 號

● 水手 4 號

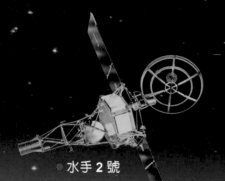

● 水手 2 號

● 火星觀察者號

在火星著陸的探查機

探查機降落火星後在地表四處走動，不只進行拍攝，同時調查大氣成分、採集土壤樣本、探查是否有水、研究生命存在的可能性等，肩負各種任務。

機會號拍攝的火星

2004 年機會號降落在火星赤道正下方的子午線高原後，在預計的活動期間完成了超過十倍的任務。機會號地表漫遊車會自行行走，以機器手臂採集岩石和土壤，確認了過去火星上有水存在的事實。

維京號著陸器

● 機會號

一切都是從誤會開始？
火星探查史

1877 年發生火星大接近之際，義大利天文學家喬凡尼·維爾吉尼奧·斯基亞帕雷利觀測到火星上有好幾條黑色線條，將其取名為「canali（義大利文的水道）」，同時發表自己的發現。但翻譯成英語時不小心誤譯為「canals（英文的運河）」，世人皆以為火星上有人造物的存在。1938 年，美國廣播節目製播的廣播劇〈火星人入侵地球〉引起民眾恐慌。直到 20 世紀中葉，人類才透過觀測確認火星人不存在。

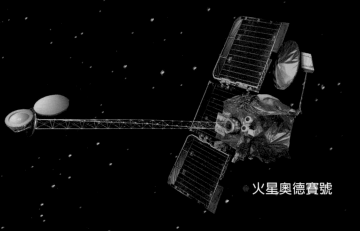

火星奧德賽號

火星全球探勘者號

火星偵察軌道衛星

火星快車號

旅居者號

鳳凰號火星探測器

最新探查機降落火星！

正要登陸火星的好奇號火星探測車。

成功著陸火星的好奇號自拍照。

好奇號利用雷達調查岩石成分。

好奇號火星探測車

2011 年 11 月，史上最大、金額最高、搭載前所未有高性能配備的火星探測車「好奇號」透過火箭成功發射，前往火星執行任務。2012 年 8 月成功登陸。人們熱切期待好奇號解開火星的生命之謎。

在太陽系漂流的小小天體

探索小行星

渡部博士重點解說！

小行星是太陽系誕生時，無法成長至行星規模的行星因撞擊破碎形成的碎片。就像我們可從古地層*發現的化石了解地球的過去，探索小行星可幫助我們解開 46 億年前太陽系的誕生之謎。

小行星 25143 是什麼樣的小行星？

小行星 25143（系川）是大小為 500m 左右，穿越火星軌道*的小行星。根據日本探查機「隼鳥號」的觀測，其內部約 40% 為空隙，是一顆由瓦礫聚集的岩石形成的天體。

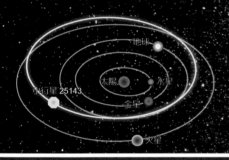

伍默拉沙漠

此處地勢比周遭低，名字取自回收「隼鳥號」膠囊的澳洲沙漠。

※ 上方照片為「隼鳥號」實際拍攝的小行星 25143。

隼鳥號的工作歷程

繆斯之海的寬度只有 60m，是著陸難度極高的地區。隼鳥號返回地球時不只突然發生通訊中斷，還遭遇引擎故障等各種難題。

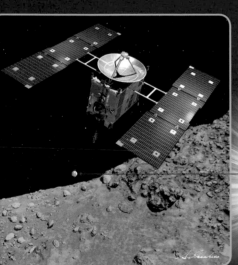

目標標定球

這是「隼鳥號」用來指引小行星 25143 登陸地點的儀器，為直徑 10cm 左右的球體，當「隼鳥號」發出閃光，標定球就會發亮。

映照在小行星 25143 上的隼鳥號影子

這是 2005 年 11 月 20 日清晨 4 點 58 分（日本時間）拍攝的照片。清楚拍下了「隼鳥號」與目標標定球的影子。

※ 上方照片是隼鳥號實際拍攝的小行星 25143。

以雷射測量距離做好著陸準備

「隼鳥號」先以雷射測量與小行星 25143 之間的距離，再垂直往下降落。

用語集　*地層：經年累月下，土、沙、火山礫等堆積而成的一定層位。　*軌道：物體運動的路徑。

探索小行星

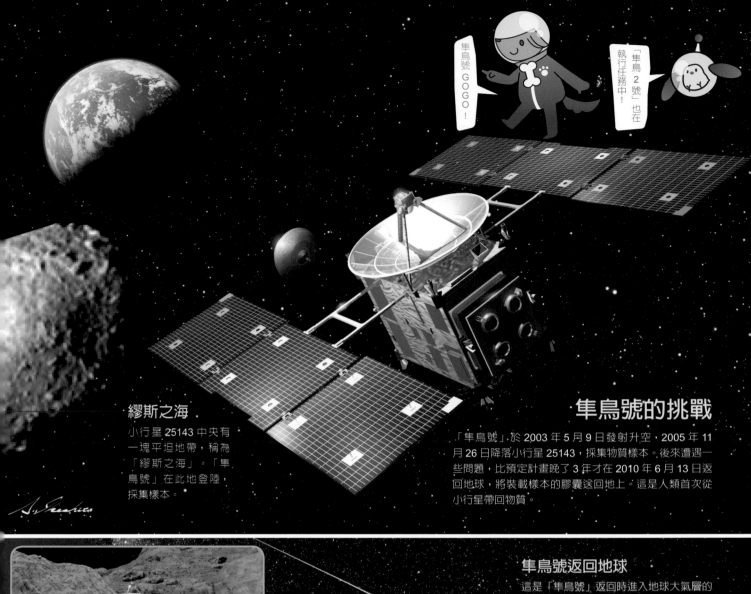

隻鳥號GOGO！

「隻鳥2號」也在執行任務中！

繆斯之海

小行星 25143 中央有一塊平坦地帶，稱為「繆斯之海」。「隼鳥號」在此地登陸，採集樣本。

隼鳥號的挑戰

「隼鳥號」於 2003 年 5 月 9 日發射升空，2005 年 11 月 26 日降落小行星 25143，採集物質樣本。後來遭遇一些問題，比預定計畫晚了 3 年才在 2010 年 6 月 13 日返回地球，將裝載樣本的膠囊送回地上。這是人類首次從小行星帶回物質。

隼鳥號返回地球

這是「隼鳥號」返回時進入地球大氣層的模樣。搭載樣本的膠囊在進入前脫離，將小行星 25143 的物質樣本順利送回地球。

著陸與採樣！

「隼鳥號」搭載「自律飛行控制」功能，可依當時狀況自行判斷。著陸時釋放彈頭，採集因彈頭撞擊產生的行星碎片。

膠囊

裝載小行星 25143 物質樣本的膠囊在澳洲著陸。

隼鳥號拍攝的地球

這是「隼鳥號」在最後一刻拍下的故鄉「地球」的照片。

天體從天空墜落！

隕石與撞擊坑

 渡部博士重點解說！

通過地球附近的小行星通常會墜落在地球上，這些天體幾乎都是小碎片，在與大氣*摩擦的過程中燃燒殆盡；若是體積較大的天體，則會在尚未完全燃燒的狀態下撞擊地表。撞擊後留下的石頭稱為「隕石」，撞擊形成的大洞稱為「撞擊坑」（又稱隕石坑或環形山）。如果掉落的天體體積很大，撞擊時會揚起巨量塵埃，遮住太陽，甚至改變地球環境。

恐龍滅絕

大約 6500 萬年前，主宰地球的恐龍突然消失。科學家認為主因之一就是巨大隕石撞擊地球，導致地球環境改變。

巴林傑隕石坑（美國）

這是位於美國亞利桑那州，直徑 1.2km、深 170m 的撞擊坑。形成於 5 萬年前左右，從周遭發現的隕石碎片推測，撞擊地球的隕石應為 30 萬噸重的鐵質隕石。

來自火星的隕石

火星遭到隕石撞擊時，通常會撞出小碎石。這些來自火星的小碎石散落在宇宙空間裡，經年累月在外太空飄移，有些最後墜落至地球。目前科學家已經找到將近 40 顆來自火星的隕石。其中包括如照片所示，內含生物的隕石。

宇宙與人

• 由隕鐵鍛造的日本刀 •

流星刀

墜落至地球的隕石含有大量的鐵，稱為「隕鐵」，世界各地都以它為原料製造許多物品。日本以明治時代在富山縣發現的隕鐵鍛造 5 把日本刀，取名為「流星刀」。

用語集 *大氣：包覆著地球等行星或衛星周圍的氣體。

小行星們的樂園

小行星帶

渡部博士重點解說！

太陽系存在著無數小行星，光是目前已知就有數十萬顆。其中大多數在火星和木星之間發現，取名為「小行星帶」。顧名思義，小行星的體積比行星小，但只要是新發現的小行星，發現者都能申請為小行星取名的權利。令人意外的是，2009 年兩名日本小學生發現了一顆新的小行星。下一個發現新星的人或許就是你！

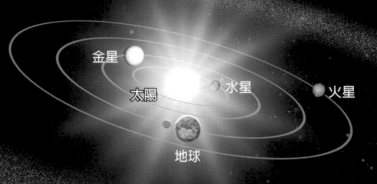

金星

太陽　　　水星　　　火星

地球

木星

各種小行星

小行星 951

這是一顆在小行星帶內層邊緣，沿著接近火星軌道運行的小行星。直徑約 10～20km，呈不規則形狀。

梅西爾德星

這是一顆直徑約 53km 的小行星。地表上有好幾個比小行星平均半徑大的撞擊坑，是其特色所在。

小行星帶

有些小型行星的軌道*位於金星內側，但絕大多數都在火星和木星之間公轉*。眾多小行星聚集的軌道就是「小行星帶」。

艾女星

這是一顆長邊約 60km、短邊約 20km 的細長形小行星。艾女星有一顆名為「艾衛」（達克堤利）的衛星。

灶神星

這是第 4 顆發現，直徑約 530km、體積較大的小行星。由於形狀近似地球，具有列入矮行星*（請參照 P69）的條件。

宇宙與人

第一位發現小行星的
朱塞普・皮亞齊

自從在土星外發現天王星後，許多人都在猜想，火星和木星之間是否還有尚未被發現的行星。義大利天文學家朱塞普・皮亞齊在 1801 年 1 月 1 日發現第一顆小行星穀神星，後來到 1807 年之間，又有其他天文學家發現了智神星、婚神星與灶神星。由於這些天體不夠大到可以稱為行星，因而取名為小行星。

朱塞普・皮亞齊
（1746～1826）

用語集　*軌道：物體運動的路徑。　*公轉：天體在一定週期內繞行其他天體的現象。
*矮行星：像行星一樣又大又圓，但在其公轉軌道附近有體積相當的天體。

太陽系最大的行星

木星

 渡部博士重點解說！

木星是太陽系最大的行星，天文學界常說「木星錯失了成為太陽的機會」，因為木星和太陽一樣幾乎都是由氫氣組成，但質量*只有太陽的 1/1000。此外，如果木星有 80 倍的質量，也可能成為太陽系的第二個太陽，與太陽形成聯星*（請參照 P108）。話說回來，若木星真的成為聯星，地球或許無法變成穩定的行星，更可能沒有任何生命誕生。

氣態分子氫
液態金屬氫與氦
地核（岩石與冰）

Ⅱ. 基本資料

直徑·················14 萬 2984km（地球的 11 倍）

質量·················地球的 318 倍

自轉週期···········9 小時 56 分

公轉週期···········11.9 年

到太陽的距離······平均 7 億 7830 萬 km（地球的 5.2 倍）

質量為地球的 318 倍，體積也達 1321 倍，卻幾乎是由氫（約 89%）和氦（約 11%）組成，密度也比地球小，屬於氣態巨星。木星以高速自轉*，受到離心力影響赤道附近往外膨脹，兩極地區略微壓扁。

A. Ikeshita

用語集　＊質量：形成物體重量的量。　＊聯星：兩顆以上的恆星受到彼此重力吸引，繞著共同質心運轉的系統。　＊自轉：天體以自己為中心旋轉的現象。

大紅斑

木星南半球有一個宛如大眼睛的大紅斑，這是人類在 300 多年前觀測到的。大紅斑是一個巨大反氣旋風暴，可容納 2～3 顆地球，天文學家預測此風暴今後仍會繼續存在。

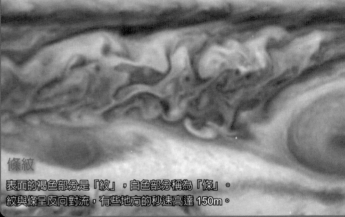

條紋

表面的褐色部分是「紋」，白色部分稱為「條」。紋與條呈反向對流，有些地方的秒速高達 150m。

木星環

木衛十六（神墨提斯）
木衛五（阿馬爾塞）
（忒拜）
木衛十五（阿德剌斯忒亞）

1979 年，天文學家發現木星外圍有三圈暗沉淡薄的環。木星環與土星環不同，並非由冰粒組成，而是由在木星附近運行的木衛十五、木衛十四等衛星噴出的塵埃構成。

星竟木星比地球還大！

就算跟彗星相撞
也沒有任何感覺

木星與舒梅克－李維九號彗星相撞

1993 年 3 月，天文學家發現一顆受到木星巨大引力影響進而分裂，繞著木星運行的彗星＊（請參照 P70）。這顆彗星就是舒梅克－李維九號彗星。隔年 7 月，分裂成 20 個以上的碎片與木星相撞。

木星內部呈現何種樣貌？

木星大氣＊中充滿大型的雲，不斷產生閃電現象。木星的雷比地球的雷威力更強大，發出強烈閃光。

用語集　＊彗星：運行軌道通過太陽系的天體，由氣體和塵埃組成。　＊大氣：包覆著地球等行星或衛星周圍的氣體。

伽利略衛星

木星的衛星群

 渡部博士重點解說！

木星擁有太陽系中最龐大的衛星群。光是已經命名的衛星編號就有 53 顆，就連暫時編號也有 26 顆。幾乎所有衛星的直徑大小未滿 10km，其中至少有 52 顆衛星屬於「逆行衛星」，亦即朝著木星自轉*方向的反方向公轉*。在所有木衛中，有 4 顆直徑達 3100 ～ 5300km 行星標準的衛星，最受科學家矚目。

活火山噴煙

皮蘭（Pillan Patera）

1998 年，「伽利略號探測器」觀測到木衛一（埃歐）的皮蘭火山大爆發，噴出大量煙塵，最高噴發到 140km 的外太空。木衛一的火山每年流出的岩漿量為地球火山的 100 倍。

皮蘭火山示意圖

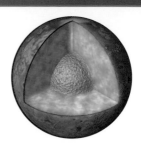

受到木星重力影響，導致木衛一的地殼*內部變形，天文學家認為此摩擦產生的熱能在木星地底 50km 深處形成岩漿*海。

木衛一

這是 1979 年 NASA 太空探測器「航海家 1 號」，首次在地球以外的天體觀測到活火山。木衛一上有好幾座幾乎每個月都會大噴煙一次的火山。

用語集 ＊自轉：天體以自己為中心旋轉的現象。 ＊公轉：天體在一定週期內繞行其他天體的現象。
＊地殼：天體的固態表層。 ＊岩漿：位於地下的岩石融化形成的液態物質。

● 伽利略 ●

1610 年，伽利略以 30 倍的自製望遠鏡觀測到木星四周有行星尺寸的天體繞著木星公轉，因此確認了地動說*的真實性。伽利略發現的四大天體繞著木星公轉的情形，簡直跟他想像中行星圍著太陽公轉的狀況一樣。此四大衛星由內往外分別是木衛一（埃歐）、木衛二（歐羅巴）、木衛三（蓋尼米德）和木衛四（卡利斯多），統稱為「伽利略衛星」。

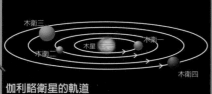

伽利略衛星的軌道

伽利略・伽利萊
（1564 ～ 1642）

厚度達 200km 左右的冰層下方有一層液態水，再往下則是冰與岩石交雜的地層，天文學家認為木衛四沒有核心。

木衛四

體積比水星略小一些，是繼木衛三和土星的土衛六（泰坦）後，太陽系第三大衛星。表面覆蓋著一層冰，天文學家認為冰層下面有一層水。

伽利略號探測器

1989 年由太空梭運送升空，1995 年接近木星，持續觀測木星與其衛星直到 2003 年為止。同年，完成觀測的「伽利略號」衝入木星大氣層*，結束任務。

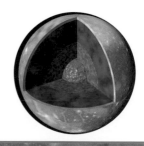

中心為液體金屬核心，往上依序為岩層、柔軟的冰層，最外側是堅硬的冰質地殼。

木衛二

在伽利略衛星中體積最小，比月球小一圈。公轉週期為木衛一的 2 倍，只有木衛三的一半，因此受到木星和兩顆衛星的重力影響。

木衛三

體積比水星大一圈，是太陽系中最大的衛星。表面有許多撞擊坑*形成的陰暗地帶，和溝狀地形鮮明的明亮地區。

用語集　＊地動說：認為地球繞著太陽運行的學說。　＊大氣層：包覆著地球等行星或衛星等天體的氣體範圍。
＊撞擊坑：天體上看似火山口的圓形窪窿。

木衛二

 渡部博士重點解說！

在厚厚的冰層表面下，有一片深度達 100km 的海洋。從 1970 年代起，便有人不斷提出木衛二有海的假設，激發科學家和科幻作家的想像力。木衛二如果真的有海，內部又有熱能，很可能有生命存在。從探查機持續觀測的資料中，也顯現這個可能性並非完全為零。

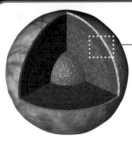

木衛二的內部

內部有一個以鐵為主要成分的地核，上方還有岩質地函*。天文學家認為地函上方有一片海，從地底湧出的熱水使得海洋產生對流現象。

如果木衛二真的有生命存在，你打算怎麼做？

我想拿來當寵物養。

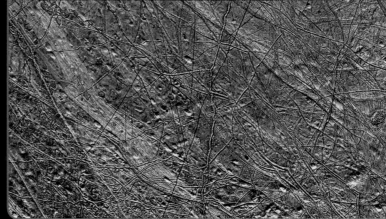

木衛二的地表

木衛二的表層覆蓋著一層厚達數公里的冰質地殼*。由於木星引力很強,木衛二地表經常發生裂痕,產生龜裂現象,下方的海水湧出地表變成冷水,最後結成冰。此現象不斷反覆發生,在地表形成了特殊紋路。

地球的深海

科學家在太陽光無法穿透的地球深海,找到了生命的存在。這項事實告訴我們,生命的繁衍無需靠陽光或植物,只要有水和能量就能做到。由此推測,距離太陽遙遠的木衛二,也很可能有生命存在。

深海 6500

這是以調查地球深海為主要任務,可搭載三人的潛水調查艇。顧名思義,最深可潛至 6500m 的深海進行調查。

海底熱泉

地球深處的海底有些地方會湧出熱水,稱為「海底熱泉」,其四周孕育著無數生物。海底熱泉湧出的熱水富含化學物質,這些化學物質成為細菌的食物,進而衍生出以吃細菌維生的生物,建立完整生態鏈。

管狀蠕蟲

海底熱泉附近可發現許多管狀細長形動物,在陽光無法照射的深海中,這些管狀蠕蟲什麼也不吃,與細菌共生。

木衛二的海

插圖是探查機潛入木衛二的海中觀測的示意圖。如圖所示,海底不斷湧出熱水。

擁有一圈美麗的大行星環

土星

渡部博士重點解說！

土星是可用肉眼看到、離地球最遠的行星，若用天體望遠鏡觀測，相信絕對會被其神祕的星環與美麗姿態深深吸引。自從 1610 年伽利略・伽利萊*以自己製作的望遠鏡觀測土星，土星便不斷激發全球科學家的好奇心。儘管現在人類已成功將探查機送上土星的衛星，但我們對於土星仍存在著許多不解之謎。

土星環

1610 年，伽利略首次以望遠鏡觀測土星。伽利略以為土星環是兩顆大型衛星，於是便以「土星的耳朵」來形容。直到 1655 年，人類才知道那是一圈環。隨著觀測技術演進，天文學家發現土星環不是一片像木板一樣的物體，而是數個環隔著縫隙組合而成。大型星環總共有 7 圈，加上無數的細微星環。各個星環都是由數公分到數公尺的岩石和冰粒集結而成，厚度達 10m 左右。

卡西尼環縫

1675 年，卡西尼發現土星環是由多個環組成，環與環之間還隔著黑色縫隙。後來便以卡西尼之名，取名為「卡西尼環縫」（Cassini Division）。

用語集 *伽利略・伽利萊：義大利天文學家。在絕大多數人認為地球是宇宙中心的年代，支持地球繞著太陽運行的地動說。

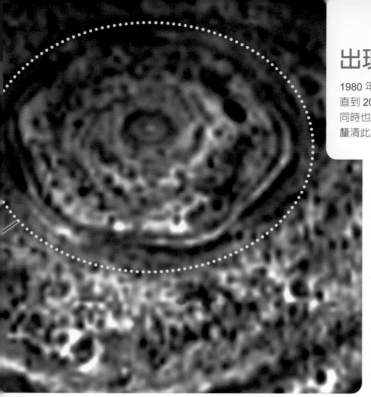

出現在北極的神祕六角形

1980 年，NASA 在土星的北極發現了神祕的六角形，大小可容納兩個地球。此後直到 2006 年，土星探查機「卡西尼號」再次於北極觀測到形狀相同的六角形。同時也發現此處有一股沿著六角形吹的強風，秒速達 100m。目前天文學家尚未釐清此六角形如何形成，也不清楚為何可以長時間維持同樣大小的六角形。

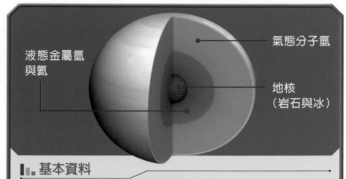

液態金屬氫與氦

氣態分子氫

地核（岩石與冰）

基本資料

直徑⋯⋯⋯⋯⋯12 萬 536km（地球的 9.4 倍）
質量⋯⋯⋯⋯⋯地球的 95 倍
自轉週期⋯⋯⋯10 小時 40 分
公轉週期⋯⋯⋯29.5 年
到太陽的距離⋯⋯平均 14 億 2940 萬 km（地球的 9.6 倍）

在太陽系中，土星是僅次於木星第二大的行星，重量也很重。不過，平均密度只有地球的 1/8。由於土星是由氫（約 96%）與氦（約 4%）等重量很輕的氣體所組成的氣態行星，因此如果有一個足夠大的水槽，土星可以漂浮在水面上。

龍之風暴

2004 年，土星探查機「卡西尼號」在土星南半球觀察到有一條宛如巨龍（Dragon）的對流風暴引發打雷，龍身大幅扭曲，掀起風暴（Storm）的自然現象。龍之風暴發生的時間很長，巨龍像是噴出火焰一般，噴發強烈的大氣*氣流然後下沉。威力是地球暴風的 1000 倍，大小與日本中國地區的面積相同。

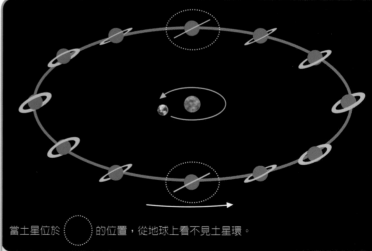

當土星位於 ⋯⋯ 的位置，從地球上看不見土星環。

土星的樣貌

土星就像傾斜轉動的陀螺，繞著太陽四周公轉*，公轉一周的時間約為 30 年。由於這個關係，從地球看到的土星環會依觀測年份不同，產生不同的傾斜角度。有時候從地球可以看到土星的側面。土星環雖有寬度，但幾乎沒有厚度，因此當地球位於土星側面時，從地球上看不見土星環。此現象每 15 年發生一次。

有星環的行星好酷喔！

不是大行星就無法擁有星環嗎？

用語集 ＊大氣：包覆著地球等行星或衛星周圍的氣體。　＊公轉：天體在一定週期內繞行其他天體的現象。

數量超過 60 ！

土星的衛星

 渡部博士重點解說！

1655 年，人類發現的第一顆土星衛星為土衛六（泰坦），直到 20 世紀末，總計發現 18 顆土星衛星。到了 21 世紀之後，又陸續發現新的衛星。如今已命名的衛星有 53 顆，暫時編號的衛星有 8 顆。土星衛星的姿態豐富多樣，引發科學家們亟欲探測的好奇心。

土衛六

土衛六的大氣*中含有高濃度的氮，約為地球大氣的 1.5 倍，瀰漫在地表到 880km 的高空處。土衛六還有甲烷等氣體形成的雲，從高空無法清楚看見地表狀況。土衛六是僅次於木星的木衛三（蓋尼米德），全太陽系第二大衛星，直徑約 5150km。

卡西尼號

1997 年美國與歐洲共同發射太空飛行器「卡西尼－惠更斯號」，2004 年抵達土星。負責登陸的「惠更斯號」探測器於 2005 年成功降落在土衛六的地表上。「卡西尼號」與「惠更斯號」陸續揭開了土星和土衛六之謎。

惠更斯號

甲烷湖

「卡西尼號」利用雷達觀測到土衛六的北極與南極，存在著數百座由液態甲烷和液態乙烷形成的湖。大小從一萬到十萬平方公里都有，每座湖都很大，幾乎可以用海來形容。

土衛六的大地

「惠更斯號」在降落至土衛六的過程中，發現液態甲烷的河川與三角洲形狀*的河口。當「惠更斯號」軟著陸在泥濘的地表上，也發現了土衛六的地表正在下成分為甲烷的毛毛雨。此外，「卡西尼號」發現土衛六從地表到 500km 深的地底，覆蓋著一層冰，而非岩層。

用語集　＊大氣：包覆著地球等行星或衛星周圍的氣體。　＊三角洲形狀：河口常見的地形，兩條河川支流匯流至出海口，形成宛如三角形的沖積平原。由於形狀類似希臘文字 Δ，因此英文稱為「Delta」。

62

土衛二（恩賽勒達斯）

直徑 498km，是土星第六大衛星。表面覆蓋一層冰，目前已知有一層如水蒸氣般的稀薄大氣。

冰的間歇泉

土衛二的南極附近有一座冰火山，噴發出大量的細小冰粒。科學家已在其中發現水和有機物，因此土衛二很可能與木衛二一樣有生命存在。

其他衛星

土星的每顆衛星都具有獨特個性，例如土衛一（彌瑪斯）地表上有一個直徑達衛星 1/3 的巨型撞擊坑*、土衛三（忒堤斯）有一座長度達衛星圓周 3/4 的巨型峽谷*、土衛四（狄俄涅）的稀薄大氣以氧氣為主要成分、土衛八（伊阿珀托斯）的表面一半為白色一半為黑色。

土衛一　　　土衛三　　　土衛四　　　　土衛八

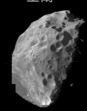

土衛九

土衛九（菲比）位於肉眼看不見的土星環中，以土星自轉*的反方向，繞著土星公轉*。天文學家認為超巨型星環是由土衛九脫落的物質形成，土衛八的黑色表面也可能是來自土衛九的物質覆蓋其上而成。

眼睛看不見的最大星環

紅外線天文衛星「史匹哲太空望遠鏡」發現一個圍繞土星的超巨行星環，星環直徑達 3600 萬 km、厚度達 120 萬 km。以眼睛看不見的紅外線觀測才能看到此星環。如果人類可從地球用肉眼觀測到此星環，就會看見土星周圍有一個比滿月大兩倍的巨型星環。

土星的主要衛星軌道

土星的衛星超過 60 顆，其中直徑超過 50km 者只有 13 顆。依軌道*特性，可大致分成規則衛星*與不規則衛星*。共有 24 顆為較大的規則衛星，其餘皆為較小的不規則衛星。最大的不規則衛星為土衛九、直徑 220km。幾乎所有衛星都在離土星較遠的地方運行，最遠的一顆為直徑約 6km 的土衛四十二（佛恩尤特）。它在離土星 1250 萬 km 的地方，花 4 年以上的時間公轉一周。

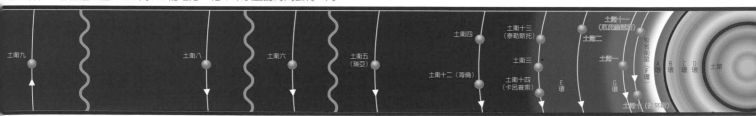

*撞擊坑：天體上看似火山口的圓形窪窿。　*峽谷：由寬度較窄並往地底深切的陡坡構成的谷地。　*自轉：天體以自己為中心旋轉的現象。
用語集　*公轉：天體在一定週期內繞行其他天體的現象。　*軌道：物體運動的路徑。　*規則衛星：一般衛星。以順行軌道繞著行星公轉。
*不規則衛星：相較於一般衛星，在離行星較遠的地方公轉。軌道曲度較大、較傾斜，以逆行軌道繞著行星公轉。

躺著運行的行星

天王星

天王星為什麼躺著自轉？

關於這一點眾說紛紜，目前最有力的學說認為起初天王星也跟地球一樣，朝著公轉*方向（順行軌道）自轉*，後來受到巨大天體撞擊，導致自轉軸傾倒。此外，衛星軌道*與星環也同樣傾倒。一般認為發生撞擊的時間點，正好是天王星剛形成的時候。

傾斜角度好大啊！

看得我頭昏眼花！

宇宙與人

● 發現天王星的故事 ●

威廉・赫雪爾是出生於德國的英國天體觀測家。1781 年 3 月 13 日，他以自己製作的望遠鏡觀測天體時，在偶然機會下發現了天王星。赫雪爾也發現了土星和天王星的衛星，在天文界創下極高的成就。不僅如此，擔任助手的妹妹卡羅琳・赫雪爾也發現了好幾顆彗星。

威廉・赫雪爾
（1738 ～ 1822）

渡部博士重點解說！

天王星的自轉軸幾乎躺在公轉軌道面上，以極度傾斜的角度繞著太陽公轉，可說是令人感到不可思議的行星。天王星離太陽很遠，只有些微的陽光照射，地表溫度為 -200℃，十分寒冷。此外，天王星上有比地球稍微弱一點的磁場*，天文學家至今仍不清楚為何磁場軸也偏離了自轉軸 60 度之多。

用語集　　*公轉：天體在一定週期內繞行其他天體的現象。　*自轉：天體以自己為中心旋轉的現象。
　　　　　*軌道：物體運動的路徑。　*磁場：磁力作用的空間。

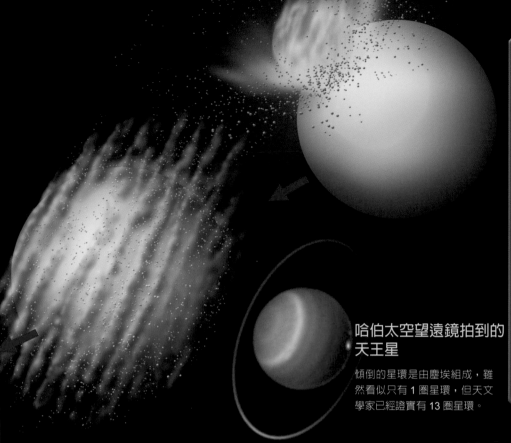

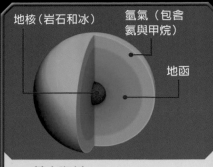

地核（岩石和冰）　　氫氣（包含
　　　　　　　　　　　氦與甲烷）
　　　　　　　　　　　　　地函

基本資料

直徑	5 萬 1118km
	（地球的 4 倍）
質量	地球的 14.5 倍
自轉週期	17 小時 14 分
公轉週期	84 年
到太陽的距離	平均 28 億 7503 萬 km
	（地球的 19 倍）

中心為岩石與冰組成的地核，四周包圍著摻雜水、氨氣與甲烷的冰質地函*，再往外一層是含有氫與甲烷的氫氣層。由於氫氣層中含有甲烷，因此看起來呈淺綠色。

哈伯太空望遠鏡拍到的天王星

傾倒的星環是由塵埃組成，雖然看似只有 1 圈星環，但天文學家已經證實有 13 圈星環。

衛星群

天衛二

人類一共發現 27 顆天王星的衛星，其中天衛一（艾瑞爾）、天衛二（烏姆柏里厄爾）、天衛三（泰坦妮亞）、天衛四（奧伯龍）、與天衛五（米蘭達）並稱為「5 大衛星」。天衛二的表面是 5 大衛星中最暗的，遍布撞擊坑。

天衛三

早在太空探測器「航海家 2 號」發射升空前，人類便從地球發現這顆 5 大衛星之一，同時也是最大衛星的天衛三。天衛三的地表存在著巨型深谷，代表過去曾經發生過地殼變動*。

天衛五

在 5 大衛星中，天衛五最小，而且在最內側的軌道運行。表面幾乎都是冰。地表上有許多巨型深谷，天文學家認為過去曾經發生過地殼變動。

航海家 2 號

1977 年發射升空的 NASA 太空探測器「航海家 2 號」，主要探測木星到海王星等 4 顆行星，並對太陽系外進行探測。「航海家 2 號」發現了天王星的磁場和 10 顆新衛星，調查大氣特性與星環。

天衛七（歐菲莉亞）

天衛六（寇蒂莉亞）

牧者衛星

在行星環外側或空隙間運行，以自身引力維持星環穩定的衛星稱為「牧者衛星」（Shepherd moon）。由於感覺很像帶領羊群的牧者，因此得名。天文學家認為天王星的天衛六與在外側運行的天衛七這兩顆衛星，就是牧者衛星。

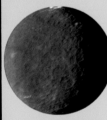

用語集　＊地函：意指行星或衛星的内部構造，位於地核外側的地層。　＊地殼變動：天體内部能源改變地形的現象。

最遙遠的行星

海王星

 渡部博士重點解說！

海王星是由巨型冰塊和氣體組成，大氣*中的甲烷吸收太陽光裡的紅光，使海王星呈現海洋般的深藍色。海王星是太陽系中最遙遠的行星，地表為 -220℃，極度嚴寒，但地核溫度高達 5000℃。地表吹著東西向的強風，還有巨大黑點時而出現、時而消失，是一顆充滿謎團的行星。

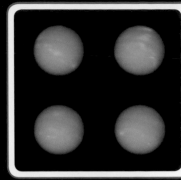

自轉

這是 2011 年 6 月，哈伯太空望遠鏡每隔 4 小時拍下的海王星照片。由於海王星自轉*一圈需要 16 小時，因此照片如實呈現了海王星自轉一周的模樣。從 1846 年初次發現，到 2011 年剛好是 165 周年，於是便拍下海王星繞著太陽公轉一周的紀念照。

看似海洋的藍色竟然是氣體！

這樣就不怕溺水了！

星環

1989 年，「航海家 2 號」確認海王星有 5 圈極暗的星環。海王星的星環很窄，由深色塵埃組成，有些地方密度較高，顏色較淺，有些地方較為稀薄，因此從地球上看感覺斷斷續續。

地核（岩石與冰）

氫氣（包含氦與甲烷）

地函

基本資料

直徑	4 萬 9528km（地球的 3.9 倍）
質量	地球的 17 倍
自轉週期	16 小時 6 分
公轉週期	165 年
到太陽的距離	平均 45 億 440 萬 km（地球的 30 倍）

海王星構造很像天王星，由岩石與冰組成的地核外，包圍著摻雜水、氨氣與甲烷的冰質地函*，再往外一層是含有氦與甲烷的氫氣層。

大黑斑

1989 年太空探測器「航海家 2 號」在海王星的南半球發現一個名為「大黑斑」的巨型漩渦，觀測到最高時速 2400km 的強風。不過，1994 年哈伯太空望遠鏡並未在南半球觀測到大黑斑，反而在北半球發現了另一處黑斑。

用語集　*大氣：包覆著地球等行星或衛星周圍的氣體。　*自轉：天體以自己為中心旋轉的現象。
*地函：位於行星或衛星地核外側的地層。

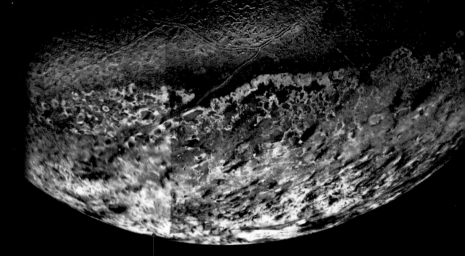

第二大衛星
海衛八

海衛八（普羅透斯）是僅次於海衛一（崔頓）的第二大衛星。由於地表十分黑暗，從地球上看不見，因此是由「航海家2號」發現。海衛八雖大，形狀卻顯得歪斜，表面覆蓋冰層，科學家認為這是它看起來陰暗的原因。地表有許多撞擊坑*。

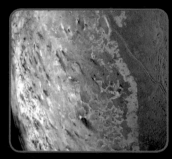

雲

2002年哈伯太空望遠鏡在南半球發現到帶狀雲層，比在1996年和1998年觀測時還多，顏色也較明亮。與地球一樣，海王星的自轉軸與公轉*面呈28度傾斜，因此四季分明。由於當時海王星的南半球即將邁入夏天，或許影響到了雲層亮度的變化。

海王星最大衛星海衛一

海衛一的直徑達2700km，是海王星最大的衛星。由岩石和冰組成，還有一層內含甲烷的稀薄氮氣層。地表覆蓋著由甲烷和氮組成的冰，建構出 -235℃的極寒世界。

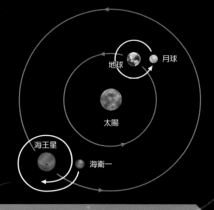

海衛一的火山

「航海家2號」捕捉到海衛一地表上有好幾處黑色紋路，天文學家認為這是火山活動中與液態氮一起噴發的甲烷變黑後，像風一樣流動所形成的。

海衛一的公轉

海衛一是一顆擁有幾近正圓形軌道*的逆行衛星（衛星公轉方向和主行星自轉方向相反）。原本在太陽周圍運行的小天體，受到行星引力捕獲成為衛星，就會形成逆行衛星。但天文學家至今仍不清楚，海衛一如何成為海王星的衛星。

地球　月球
太陽
海王星　海衛一

宇宙與人

● 誰才是海王星的發現者？ ●

由於天王星的實際運行與計算結果不符，因此不少天文學家認為天王星外應該還有尚未發現的行星。英國的約翰·柯西·亞當斯與法國的奧本·勒維耶各自計算卻得到相同結果，德國的約翰·格弗里恩·伽勒在勒維耶的請託下進行觀測，於1846年9月23日發現海王星。外界將這三人視為海王星的發現者。

約翰·柯西·亞當斯（1819～1892）

約翰·格弗里恩伽勒（1812～1910）

奧本·勒維耶（1811～1877）

冥王星與太陽系外緣天體

過去曾被稱為行星的天體

冥王星

冥王星從發現到 2006 年為止，人類一直將它視為太陽系的第九顆行星。後來天文學家又在冥王星附近發現幾顆與冥王星一樣的天體，引發「何謂行星」的廣泛討論，於是正式定義行星概念。國際天文學聯合會（IAU）認為冥王星不符合行星的定義，將其重新分類為「矮行星」。插圖是冥王星的想像圖。冥王星的地表覆蓋一層冰，外圍有一層稀薄的大氣＊。冥衛一（凱倫）的位置很接近冥王星的地平線，在天空可看見小小的太陽。

太陽看起來真的好小喔！

這樣就晒不到暖洋洋的陽光了！

基本資料

冰		
地函		

地核（岩石）

直徑⋯⋯⋯⋯⋯2300 ～ 2390km（地球的 1/5）
質量⋯⋯⋯⋯⋯地球的 1/500
自轉週期⋯⋯⋯6.4 天
公轉週期⋯⋯⋯248 年
到太陽的距離⋯⋯平均 59 億 135 萬 km
（地球的 39.5 倍）

根據哈伯太空望遠鏡的觀測結果，冥王星的地表覆蓋著甲烷冰和氮冰，中心有岩石地核，外面包覆著冰質地函。由於冥王星很小，離地球也很遠，觀測難度高，仍是一顆充滿謎團的未知天體。

5 顆衛星

1978 年人類發現了大衛星冥衛一，2005 年發現小衛星冥衛二（尼克斯）與冥衛三（許德拉）。2011 年又發現更小的衛星，2012 年再發現更小的衛星。自此，冥王星總計有 5 顆衛星。

冥衛二

2012 年發現 ⟶

冥王星

冥衛三

冥衛一

2011 年發現

用語集　＊大氣：包覆著地球等行星或衛星周圍的氣體。

1930 年，天文學家首次在發現海王星外圍發現天體，命名為冥王星。到了 1950 年左右，天文學家普遍認為以未滿 200 年的短週期掠過地球的彗星，來自位於海王星外側的古柏帶（小天體密集的區域）。後來又陸續有新發現，1992 年以後，人類在海王星外側頻繁發現新天體，於是統稱為「太陽系外緣天體」。這些天體確實離太陽很遠，至今仍看不見盡頭。人類想要了解太陽系究竟有多大？到底還有哪些天體？還需要不斷探索。

新視野號

2006 年 1 月，美國太空總署（NASA）為了調查冥王星和冥衛一（凱倫），並進一步探索古柏帶內其他的太陽系外緣天體，將太空探測船「新視野號」送上外太空，於 2015 年 7 月 14 日飛越冥王星系統。

冥王星的斑紋

由於冥王星離地球很遠，人類不清楚它的真實樣貌。透過哈伯太空望遠鏡觀測，發現冥王星表面有明暗變化形成的斑紋。受到與太陽距離的影響，冥王星的地表在不同季節會產生不同變化，有時氮會結成冰或變成氣體，從外太空看起來就像斑紋一樣。

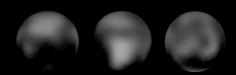

何謂矮行星？

矮行星是指直接環繞著太陽公轉，且自身重力足以形成球體的天體。這兩大條件與行星相同，但成為行星還必須符合另一個條件，那就是在公轉軌道*附近沒有其他天體。若有其他大小相當的天體，就是矮行星。2012 年，冥王星、鬩神星、妊神星、鳥神星，以及位於小行星帶的穀神星皆被視為矮行星。

穀神星（請參照 P53）

古柏帶與矮行星的軌道

古柏帶指的是位於海王星公轉軌道外側，集結小行星、冰河塵埃的區域。冥王星、鬩神星、妊神星、鳥神星等矮行星穿越古柏帶，沿著細長的橢圓形軌道公轉。穀神星位於火星與木星之間的小行星帶（請參照 P53），除了穀神星之外，其他天體都離太陽很遠，最長要花 500 年以上才能繞行太陽一周。

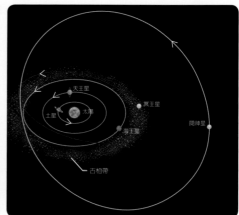

陸續發現新星的太陽系外緣天體

目前已發現超過 1000 顆太陽系外緣天體。除了冥王星以外，其他太陽系外緣天體的大小排行如下。直徑從 50 ～ 2400km 不等，體積差異甚大。

名稱	大小	發現年分
鬩神星	直徑約 2400km	2003 年
妊神星	約 2000×1000×1200km	2003 年
鳥神星	直徑約 1500km	2005 年
小行星 90377（賽德娜）	直徑約 1000 ～ 1600km	2003 年
亡神星	直徑約 1000km	2004 年
創神星	直徑約 1000km	2002 年
小行星 55636（2002 TX300）	直徑 300km 以下	2002 年

用語集 ＊公轉軌道：天體在一定週期內繞行其他天體的路徑。

帶著美麗尾巴的流星載體

彗星

原來有2條尾巴，真令人羨慕！

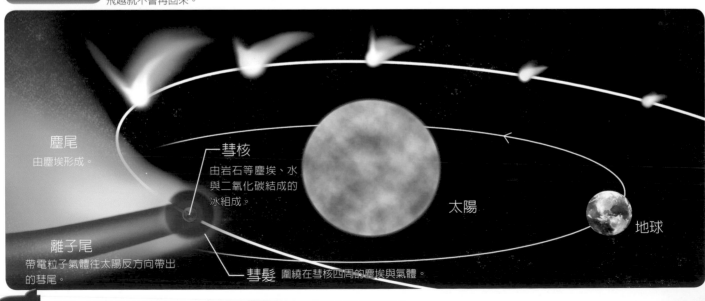

海爾－博普彗星

由於在離太陽很遠的地方發現這顆彗星，因此天文學家認為只要它接近太陽就會變得十分明亮，體積也會變大。事實上 1997 年時，人類可用肉眼觀察到海爾－博普彗星，前後長達數月。藍色部分是由氣體和電漿*形成的離子尾，白色部分為塵尾。

還有2種顏色！真漂亮！

渡部博士重點解說！

天文學家將彗星本體稱為「髒雪球」。這是因為當彗星接近太陽就會受熱，噴出大量氣體和塵埃，形成漂亮的尾巴。彗星噴出數公釐到數公分不等的沙粒，直接繞著太陽運行。當這些沙粒與地球的公轉軌道*交會，就會變成發光的流星。簡單來說，流星是彗星掉落的物體。彗星從太陽系邊緣靠近，天文學家認為只要探索彗星，就能釐清太陽系剛形成時的情景。

彗星軌道

彗星軌道與行星軌道不同，多為細長的橢圓形，傾斜角度也各有不同。彗星從各個角度往太陽飛來，有些彗星一旦飛越就不會再回來。

塵尾 由塵埃形成。

彗核 由岩石等塵埃、水與二氧化碳結成的冰組成。

離子尾 帶電粒子氣體往太陽反方向帶出的彗尾。

彗髮 圍繞在彗核四周的塵埃與氣體。

太陽

地球

用語集　　*電漿：含有帶電粒子的氣體。　　*公轉軌道：天體在一定週期內繞行其他天體的路徑。

彗星與太空探測器

1985 年探測賈可比尼－秦諾彗星，開啓了人類利用太空探測器探查彗星的序幕。隔年哈雷彗星接近地球時，包括日本在內的多個國家將太空探測器送上外太空，外界稱為「哈雷艦隊」。此後，人類陸續發射各種太空探測器。

深度撞擊號

2005 年 1 月發射升空的美國彗星探測器「深度撞擊號」於同年 7 月接近坦普爾一號彗星的 88 萬 km 處，成功釋放重達 370kg 的撞擊器（Impactor）*。2007 年，「深度撞擊號」改名為「EPOXI」，2008 年開始觀測太陽系以外的行星。

星塵號

1999 年發射升空的美國太空探測器「星塵號」，於 2004 年進入維爾特二號彗星的彗尾，成功採集塵埃樣本。2006 年順利返回地球。

坦普爾一號彗星　　哈特雷二號彗星

撞擊器以時速約 3 萬 7000km 的極快速度撞擊坦普爾一號彗星。2010 年，「深度撞擊號」被派任執行其他任務，以「EPOXI」之名來到距離哈特雷二號彗星 700km 處，成功拍攝照片。

羅塞塔號

由歐洲太空總署（ESA）打造的彗星探測器「羅塞塔號」，於 2014 年 11 月 13 日在楚留莫夫－格拉希門克彗星上空投下「菲萊登陸器」，成功登陸。從 2004 年發射升空到抵達彗星軌道的 10 年間，羅塞塔號總共飛行了 64 億 km。其主要任務是調查彗核，解開太陽系的誕生之謎。

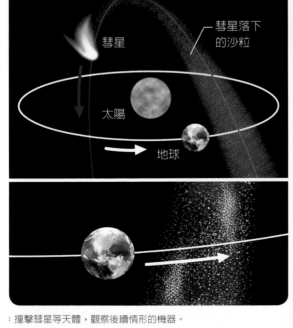

流星群的形成機制

流星群指的是在夜空中從一個點往四面八方飛出的流星群體。彗星落下的沙粒在彗星軌道上呈帶狀分布，環繞太陽公轉。當地球公轉時正好碰到這些沙粒，人類就能在地球上觀測到流星群。

彗星

彗星落下的沙粒

太陽

地球

輻射點

流星群的流星看似從天球（請參照 P83）上的同一點呈放射狀飛出，該處稱為「輻射點」。流星看似來自同一點，就像平行線看似在遠方交會的錯覺一樣。簡單來說，各流星的飛行路徑是彼此平行的。

＊撞擊器（Impactor）：撞擊彗星等天體，觀察後續情形的機器。

彗星的故鄉在何處？

太陽系邊緣

短軌道的彗星群

有些彗星的週期在 200 年之內，屬於短週期彗星。這些主要存在於古柏帶的太陽系外緣天體，基於不明原因穿越至太陽系內側軌道運行。

恩克彗星

恩克彗星的週期為 3.3 年，目前已知其深受木星重力的影響，週期會愈來愈快。

百武彗星

1996 年在極近距離通過地球，遠離地球時改變軌道，穿越行星附近。天文學家預測下次接近地球是 10 萬年以後。

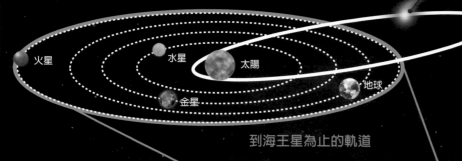

到海王星為止的軌道

海爾－博普彗星

運行週期為數千年，彗核達 50km，體積為最大級的彗星。1997 年接近地球時變得很大，世界各地皆可看到其拖得長長的美麗彗尾。

到海王星為止的軌道

火星　水星　太陽　金星　地球

土星　天王星　木星　海王星

哈雷彗星

1910 年，科學家觀測到其長長的彗尾劃過整個天空，是一顆知名度很高的彗星。週期為 76 年，預計將於 2061 年的夏天再次接近地球。

航海家 1 號、2 號

太空探測器「航海家」主要探查太陽系以外的外太空，於 1977 年發射升空。2012 年，航海家 1 號抵達太陽風*停滯不前的邊界，也就是日球層頂*。

日球層頂

雖然風速變弱，但這是太陽風可抵達的最遠之處。

太陽風吹至何處？

太陽風撞到太陽系外的星際物質*與磁場*，形成好幾層邊界。太陽風停滯不前的日球層頂之內的範圍稱為太陽圈。

日鞘

太陽風速度減弱，夾雜著星際物質。

航海家金唱片

航海家上搭載了一張金唱片，記錄著地球的照片和世界各地語言，向廣闊宇宙中從未謀面的其他外星高智慧生物發出訊息。

弓形震波

與星際物質發生撞擊的地帶。

太陽圈

以太陽為中心半徑約數百 AU* 的廣闊域，太陽風在此範圍內保持一定風速。

用語集　*太陽風：從太陽噴出的電漿（帶電粒子）流。　*星際物質：存在於星系和恆星之間的物質總稱。
*磁場：磁力作用的空間。　*AU：從太陽到地球的天文單位，以 1 億 4960 萬 km 的距離為基準。

古柏帶

位於海王星公轉軌道外，集結小行星、冰與塵埃的地帶。

自古天文學家認為土星是太陽系的邊緣，後來陸續發現了天王星、海王星，以及包含冥王星在內的古柏帶（請參照 P69），才逐漸釐清太陽系的範圍。不僅如此，古柏帶之外還有太陽系外緣天體（請參照 P68），這些天體圍繞著太陽系，亦即歐特雲，好幾顆彗星（請參照 P70）皆來自此處。這些屬於長週期彗星，不會再次接近地球，以太陽系的冒險浪子來形容一點也不為過。

歐特雲

位於日球層頂以外、離太陽數萬 AU 之處，在理論上是一個圍繞太陽系的球體雲團。主要由許多冰微行星*組成。

其他恆星系的歐特雲

科學家預計約 140 萬年後，一顆名為葛利斯 710 的恆星會接近至離太陽約 6 萬 AU 之處。此時太陽與葛利斯 710 將受到彼此重力牽引，雙方的歐特雲互相融合，形成無數彗星接近地球。

遊走於太陽系外的彗星

受到某些原因影響，從歐特雲朝太陽飛落的彗星不是擁有數百萬年的長週期，就是直接飛往太陽系外，不會再次回來。相反的，漂流於宇宙間的星際物質，有時會進入太陽系，成為彗星。

用語集　＊微行星：直徑數公里的大天體。

太陽系的誕生

渡部博士重點解說！

50 多億年前，許多壽命已到盡頭的恆星在銀河系*某處發生超新星爆炸*（請參照 P104）現象，氣體與塵埃四散，成為星際氣體*，這就是後來孕育太陽系的搖籃。數億年之後，又發生了一次超新星爆炸，此次產生的衝擊波*在搖籃內部形成了高密度星際物質區。46 億年前，高密度星際物質受到重力影響開始集結並旋轉，離心力讓這些物質聚集成一個廣闊的圓盤。這就是原始太陽*系圓盤狀旋轉星雲，簡單來說，就是剛出生的太陽系。

2 | 1000 年後～ 1 萬年後

原始太陽系圓盤星雲受到太陽重力影響萎縮，旋轉速度加快，圓盤變薄，開始變得四分五裂。不過，氣體本身具有壓力，因此不受影響，反而使得塵埃沉積在圓盤中央的表面，形成塵埃層。

沉積在圓盤上的塵埃

1 | 太陽的誕生

46 億年前，原始太陽系圓盤星雲的中心，出現朝上下噴發的強烈相對論性噴流*。中心處的氫原子與氫原子結合變成氦原子，產生了核融合反應*。此反應釋放出龐大能量，原始太陽系圓盤星雲的中心部位開始發光。這就是太陽的誕生過程。

6 | 形成太陽系

最後原始太陽系圓盤星雲的氣體消失，位於內側的岩石劇烈撞擊，形成水星等行星。殘留氣體在外圍聚合，逐漸成長變大，形成木星等氣態巨星。太陽系就此誕生。

用語集

*銀河系：宇宙中有無數星系，包括人類存在的地球與太陽在內的星系稱為銀河系。　*超新星爆炸：恆星走到生命盡頭時引發的大規模爆炸。
*星際氣體：宇宙中的雲，氫氣和氦氣等氣體。　*衝擊波：以超音速的速度傳遞的強烈壓力波。　*原始太陽：處於未產生融合反應階段的太陽。
*相對論性噴流：由黑洞、原恆星、電波星系等噴出的電漿等氣體。　*核融合反應：兩個原子核融合，產生新原子核的反應。

從塵埃變成微行星

微行星互相撞擊

原行星誕生

3 形成塵埃層之後

塵埃層受到重力影響，時而聚集、時而分散，在圓盤星雲的中央盤面形成無數集團，圍著太陽旋轉。有些集團因重力牽引開始結合，形成直徑 1～10km 不等的物體。這就是微行星[*]的誕生。

4 10 萬年後～數千萬年後

無數的微行星不斷撞擊合體，從水星到火星，在圓盤內部形成數十個原行星[*]。在外側形成的原行星受到太陽重力與熱能影響的程度不高，繼續結合冰質微粒，愈長愈大。

氣態行星、冰行星的誕生

原始太陽系圓盤星雲外側的陽光不強，存在著無數冰質微粒。在此情形下，原行星完全不受太陽影響，得以集結無數氣體和冰質微粒，逐漸長大。以氣體和冰為主的行星就此誕生。

5 數千萬年後

岩石行星的誕生

在原始太陽系圓盤星雲內部持續長大的原行星，就算吸附質地較輕的氣體，也會被太陽風吹開，無法繼續長大。最後變成為以岩石為主的行星。

用語集 ＊微行星：直徑數公里的大天體。 ＊原行星：微行星撞擊而成，大小如月球、成為行星前的天體。

太陽愈長愈大！

太陽系的終結

渡部博士重點解說！

科學家認為太陽壽命還有 50 多億年。隨著生命盡頭逐漸到達終點，太陽會逐漸膨脹，最後成長為紅巨星。若再繼續變大，圍繞在紅巨星周圍的氣體就會消散，膨脹至吞噬水星與金星的程度。儘管隨著太陽膨脹，地球會被擠到現在的軌道*之外，不會被太陽吞噬，但在此情況下，相信地球上的生命會完全滅絕。數十億年後，當太陽膨脹到某個程度，海洋就會蒸發，大氣*也會飄散。

衰老枯竭的未來地球

科學家認為當太陽開始膨脹，除了兩極地區之外，地球上的水都會消失，變成與現在的火星相同的樣貌。等太陽變得更大，地球上的海洋與大氣就會完全消失，最後很可能被太陽吞噬。即使未被吞噬，也不可能留下任何生命。

用語集 ＊軌道：物體運動的路徑。 ＊大氣：包覆著地球等行星或衛星周圍的氣體。

太陽如何結束一生？

主序星

現在～50億年後

距今46億年前，太陽系剛剛誕生，太陽剛開始出現核融合反應*，形成主序星狀態。一直到50億年後都是這個狀態。

紅巨星

50億年後以後

太陽開始膨脹，成為直徑超過現在的200倍、體積超過800倍的紅色巨型恆星，也就是紅巨星（請參照P98）。

行星狀星雲

外側氣體消散，形成外圍有一圈環狀氣體的行星狀星雲。最後氣體完全消失，中心變成與地球相等的小白矮星（請參照P99）。

用語集 *核融合反應：兩個原子核融合，產生新原子核的反應。

第二章
宇宙觀測
Space observation

 渡部博士重點解說！

人類從 17 世紀初開始製造望遠鏡，推動宇宙觀測。義大利科學家伽利略‧伽利萊*（請參照 P57）最為人所知的，就是以自己製作的望遠鏡詳細觀測月球。21 世紀的現在，世界各地積極架設大型望遠鏡，甚至將望遠鏡發射至外太空。無論是陸上望遠鏡或太空望遠鏡，其性能基本上都是由「口徑」決定。口徑指的是望遠鏡的鏡片與反射鏡的尺寸。簡單來說，口徑愈大愈能捕捉遙遠的天體。第二章為各位介紹各種適合觀測宇宙天體的望遠鏡。

哈伯太空望遠鏡　　　近紅 可見 紫外線

▐▍▍ 基本資料

・可觀測近紅外線、可見光與紫外線。
・1990 年 4 月 24 日發射升空，1990 年開始運用。
・預計運用至 2014 年為止（目前仍正常運作）。

用語集　*伽利略‧伽利萊：義大利科學家。在絕大多數人認為地球是宇宙中心的年代，支持地球繞著太陽運行的地動說。

W 可視波長

天體發出的光（電磁波）可依波長分成幾種，從長到短依序為電波、紅外線（遠紅外線、近紅外線）、可見光*、紫外線*、X射線、γ射線。在所有電磁波中，人類只看得見可見光。不過，人類可透過觀測其他電磁波，看見各種不同的形態。下方圖示代表該望遠鏡可觀測到的電磁波類型。

電波	遠紅	近紅	可見
紫外線	X	Y	

哈伯太空望遠鏡捕捉到的宇宙

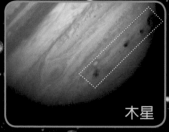
木星

1994 年，舒梅克－李維九號彗星撞擊木星（請參照 P55），哈伯太空望遠鏡拍下木星遭受撞擊後的痕跡（左方照片的褐色部分）。

重力透鏡效應

星系聚集會產生極大重力，使空間看起來變得彎曲（左方照片中直向延伸的光）。重力透鏡效應的假設源自相對論*，哈伯太空望遠鏡的眾多觀測數據確認此效應的存在。

在地球外觀測宇宙

人類仰望星空之所以看到閃爍的星光，是受到覆蓋地球的大氣*（請參照 P30）產生搖晃所致。事實上，星星發出的光並未產生變化，因此在地球上觀測星星，很難得到正確數據。由於這個緣故，許多科學家開始思考「若能將望遠鏡打上沒有大氣影響的外太空，就能實現前所未有的天體觀測」。1990 年代發射升空的「哈伯太空望遠鏡」，正是最具代表性的太空望遠鏡。

哈伯深領域

哈伯太空望遠鏡拍到了宇宙誕生 8 億年後生成的星系。這項觀測有助於我們了解星系的成長過程。

哈伯望遠鏡的歷史

哈伯太空望遠鏡於 1990 年發射升空，1993 年進行第一次維修，搭載新的鏡頭，大幅提升性能。1997 年進行第二次維修，架設最新裝置，可觀測到各種波長的光。

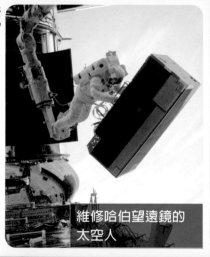
維修哈伯望遠鏡的太空人

現在的哈伯望遠鏡

每次維修皆提升了哈伯太空望遠鏡的性能，在 2009 年的維修任務中，太空人將太陽能電池板更換成性能更強的小型面板，並預計以此形態使用到 2014 年（目前仍運作中）。

用語集　*可見光：人眼可感受到的光線。　*紫外線：內含於太陽光之中，眼睛看不見的光線。　*相對論：物理學理論之一。
*大氣：包覆著地球等行星或衛星周圍的氣體。

一起來欣賞宇宙

全家一起從事天體觀測

渡部博士重點解說！

想要「以自己的雙眼更清楚地欣賞星星」的讀者，不妨準備望遠鏡和天體望遠鏡。透過望遠鏡欣賞夜空，就能看到肉眼看不見的美麗景色。請在晴朗的晚上，選擇遠離城鎮或民宅燈光的地方，讓眼睛習慣陰暗環境後，即可從事天體觀測。如夢似幻的星皇就在夜空中等待著你！

入門者用的望遠鏡

說到「天體觀測」，相信大多數人都會聯想到「天體望遠鏡」。其實使用普通望遠鏡也能欣賞夜空美景。望遠鏡可看到肉眼看不見的星星，觀測到月球上的大型撞擊坑與疏散星團*等天體。不僅好攜帶、方便持握，視野也寬廣，重點是可看到正立影像（與肉眼看到的情景一樣）。建議使用物鏡口徑為 40 ～ 50mm、倍率為 7 ～ 10 倍的望遠鏡。

望遠鏡的持握方式

使用望遠鏡欣賞天體時，請務必保持穩定的視野。基本動作是收緊腋下，雙手拿穩鏡筒。

長時間觀測時，請將手肘放在檯子或圍籬上固定。此方法可穩定視野。

簡便的折射望遠鏡

若想看清楚月球的詳細地形、土星與木星等星球，建議使用折射望遠鏡，還能看到接近地球的彗星頭部。選擇物鏡為 60～80mm 的款式即可。與普通望遠鏡不同的是，有些折射望遠鏡看到的影像為倒立（上下顛倒），使用時請特別注意。請調節取景器（設置在側邊的小望遠鏡），看到星星後，就對著望遠鏡仔細觀測。

折射望遠鏡的作用機制

折射望遠鏡的作用機制是利用裝設在鏡筒前端的物鏡聚集天體的光，就能透過目鏡觀測天體。這與放大鏡聚光的原理十分接近。

正統的反射望遠鏡

觀察星雲＊（請參照 P112）與星團＊（請參照 P110）等天體時，建議使用「反射望遠鏡」。口徑 100～150mm 的款式最適合入門者。唯一要注意的是，反射望遠鏡的目鏡設置在與天體呈 90 度的位置，需要一些經驗才能順利操作。此外，另有一種性能更高，價格也較昂貴的望遠鏡，名為「折反射望遠鏡」，結合了折射望遠鏡與反射望遠鏡的優點。

反射望遠鏡的作用機制

主鏡是設置在主鏡筒的後端，聚集並反射光線，接著再用更小的鏡子（斜鏡）反射，將影像投射到目鏡。昴星團望遠鏡（請參照 P86）就是利用這個機制運作。

你拿反了啦！

咦？我什麼也看不到？

用語集 ＊疏散星團：由數十顆到一千顆左右的星體形成，結構鬆散的星團。　＊星雲：由氣體與塵埃聚集的星際雲，也是恆星形成的區域。　＊星團：恆星的集團。

季節變換時夜空也會跟著改變

觀測星座

春

5月20日：20時左右的星空

渡部博士重點解說

古人以動物或神話中的登場人物為夜空中閃耀的星星塑造形象，成為家喻戶曉的星座。北半球的星星以北極星為中心，受到地球自轉*影響，由東往西每小時移動15度；受到地球公轉*影響，1年繞行1週。接下來一起欣賞隨著季節變換的夜空情景。

重點！

春季星座中最醒目的是位於北方的北斗七星。這是由7顆2等星與3等星連結成的勺子狀星群，屬於大熊座的一部分。此外，一整年都能在北方視線高度往上3個拳頭高的地方，找到小熊座的北極星。

北

（北緯45度的地平線）
蝎虎座
（北緯35度的地平線）
仙女座
（北緯25度的地平線）
天津四
天鵝座
仙王座
仙后座
仙女座
天鵝座
狐狸座
天琴座
天龍座
北極星
小熊座
大熊座
鹿豹座
英仙座
御夫座
五車二
金牛座
天貓座
北斗七星
牧夫座
雙子座
獵戶座
北河二
北河三
東
北冕座
獵犬座
后髮座
小獅座
巨蟹座
西
武仙座
獅子座大鐮刀
小犬座
冬季大三角
巨蛇座（蛇頭）
春季大弧線
獅子座
軒轅十四
麒麟座
蛇夫座
室女座
六分儀座
長蛇座
天秤座
黃道
巨爵座
羅盤座
大犬座
天蠍座
烏鴉座
船尾座
豺狼座
半人馬座
嗚筒座
船帆座
（北緯45度的地平線）
半人馬座
南十字座
南

★ 等級 ★
☀ 1等星
● 2等星
● 3等星
· 4等星
· 5等星
⊙ 變光星

★ 記號 ★
◯ 星　系
◎ 瀰漫星雲
⊙ 疏散星團
⊙ 球狀星團

★ 尋找流星！

「寶瓶座 η 流星雨」

可在早晨的東方天空看到流星。每年5月6日前後，通常可看到數量不多卻很值得看的流星雨。此外，這也是南半球全年之中數量最多的流星雨。每年不妨在5月初計畫南半球之旅，欣賞流星雨和美麗的銀河。

★星空印記！

春季大弧線

在北方天空找到北斗七星後，順著勺柄弧度往南延伸，看到牧夫座的大角星再往下走，就能找到室女座的角宿一。這些星星連起來的線條稱為「春季大弧線」，是春季星空最有名的印記。此外，獅子座的軒轅十四是春季星空中，最閃耀的1等星。

用語集　*等級：顯示天體亮度等級的數值。

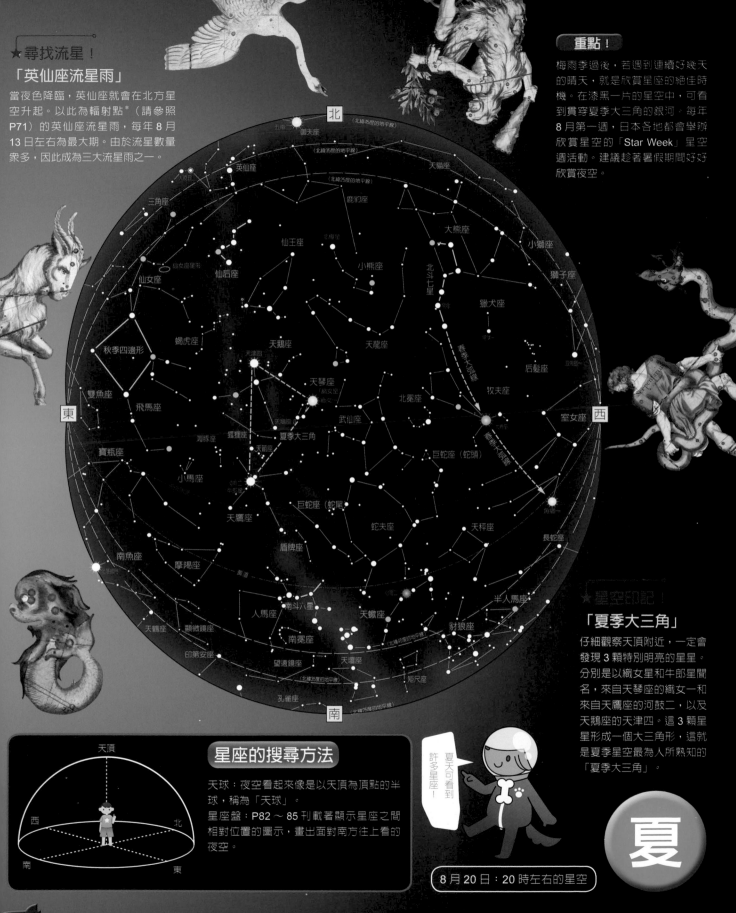

★尋找流星！
「英仙座流星雨」
當夜色降臨，英仙座就會在北方星空升起。以此為輻射點*（請參照P71）的英仙座流星雨，每年8月13日左右為最大期。由於流星數量眾多，因此成為三大流星雨之一。

重點！

梅雨季過後，若遇到連續好幾天的晴天，就是欣賞星座的絕佳時機。在漆黑一片的星空中，可看到貫穿夏季大三角的銀河。每年8月第一週，日本各地都會舉辦欣賞星空的「Star Week」星空週活動。建議趁著暑假期間好好欣賞夜空。

北

（北緯45度的地平線）
（北緯35度的地平線）
（北緯25度的地平線）

五車二　御夫座
英仙座
天貓座
三角座
鹿豹座
大熊座
小獅座
仙王座　北極星
小熊座
獅子座
仙女座　　北斗七星
獵犬座
仙后座
天龍座
蝎虎座
天鵝座　天津四
春季大弧線
秋季四邊形
天琴座　織女星
后髮座
雙魚座
牧夫座
飛馬座
武仙座
北冕座
室女座
海豚座
夏季大三角
獅子大弧線
東　　　　　　　　　　　　　　　　　　　　西
寶瓶座
狐狸座
天箭座
巨蛇座（蛇頭）
小馬座
天鷹座　河鼓二
巨蛇座（蛇尾）
蛇夫座
長蛇座
南魚座
盾牌座
天秤座
摩羯座
半人馬座
南斗六星
人馬座
天蠍座
豺狼座
天鶴座
顯微鏡座
南冕座
印第安座
望遠鏡座
天壇座
矩尺座
（北緯35度的地平線）
孔雀座
（北緯45度的地平線）
南

★星空印記！
「夏季大三角」
仔細觀察天頂附近，一定會發現3顆特別明亮的星星。分別是以織女星和牛郎星聞名，來自天琴座的織女一和來自天鷹座的河鼓二，以及天鵝座的天津四。這3顆星星形成一個大三角形，這就是夏季星空最為人所熟知的「夏季大三角」。

星座的搜尋方法
天球：夜空看起來像是以天頂為頂點的半球，稱為「天球」。
星座盤：P82～85刊載著顯示星座之間相對位置的圖示，畫出面對南方往上看的夜空。

天頂
西
北
南
東

夏天可看到許多星座！

夏

8月20日：20時左右的星空

用語集　*自轉：天體以自己為中心旋轉的現象。　*公轉：天體在一定週期內繞行其他天體的現象。　*輻射點：讓流星看似呈放射狀向外散出的點。

秋

11 月 20 日：20 時左右的星空

北
(北緯45度的地平線)

北斗七星
牧夫座
(北緯35度的地平線)

小熊座
大熊座
北冕座
天貓座
塵豹座
天龍座
御夫座
武仙座
仙王座
雙子座
仙后座
天琴座
英仙座
織女（織女星）
天鵝座β
蛇夫座
夏季大三角
西
東
天鷹座
獵戶座
仙女座
蝎虎座
狐狸座
三角座
巨蛇座（蛇尾）
白羊座
海豚座
盾牌座
金牛座
天鷹座
秋季四邊形
飛馬座
小馬座
雙魚座
摩羯座
天兔座
寶瓶座
波江座
人馬座
鯨魚座
天爐座
玉夫座
顯微鏡座
南魚座
鳳凰座
時鐘座
印第安座
天鶴座
杜鵑座
南

★ 星空印記！

「秋季四邊形」

在秋季夜晚抬頭往上看，可以看到遙遠的天頂有 4 顆星星排列成形狀略不工整的四邊形。這是每到秋季就會高掛夜空的代表星座飛馬座的一部分，稱為「秋季四邊形」或「飛馬座四邊形」。

重點！

一到秋天，夜空也逐漸變得平靜。抬頭可以欣賞到神話故事中知名的飛馬座、英仙座、仙女座等浪漫迷人的星座。

★ 尋找流星！

「金牛座流星雨」

此流星雨的觀測時間相當長，可達 1 個半月，明亮的流星流動緩慢，是其最大特色。11 月上旬可看見的流星數量愈來愈多。

「10 月天龍座流星雨與獅子座流星雨」

這兩個流星雨每年變化極大，有時形成大流星雨，有時可能一顆流星也看不見。10 月天龍座流星雨出現時間為 10 月 9 日左右；獅子座流星雨為 11 月 18 日左右，這段時間可看見數量較多的流星。

「獵戶座流星雨」

這是來自獵戶座右手一帶的流星雨。基本上多為黯淡的流星，但有時也會出現明亮耀眼的流星。10 月 21 日左右為最大期。

宇宙與人

● 星座何時形成的？ ●

「星座」是由夜空的星星連結而成，最早可回溯至古埃及遺跡的壁畫。絕大多數我們熟知的星座誕生於數千年前的美索不達米亞平原，在古希臘發揚光大，誕生於 2 世紀的天文學家克勞狄烏斯·托勒密統整出 48 個星座。之後又創造出許多星座，現時正式定義的星座有 88 個。

來自數千年前，刻著星座的石頭。

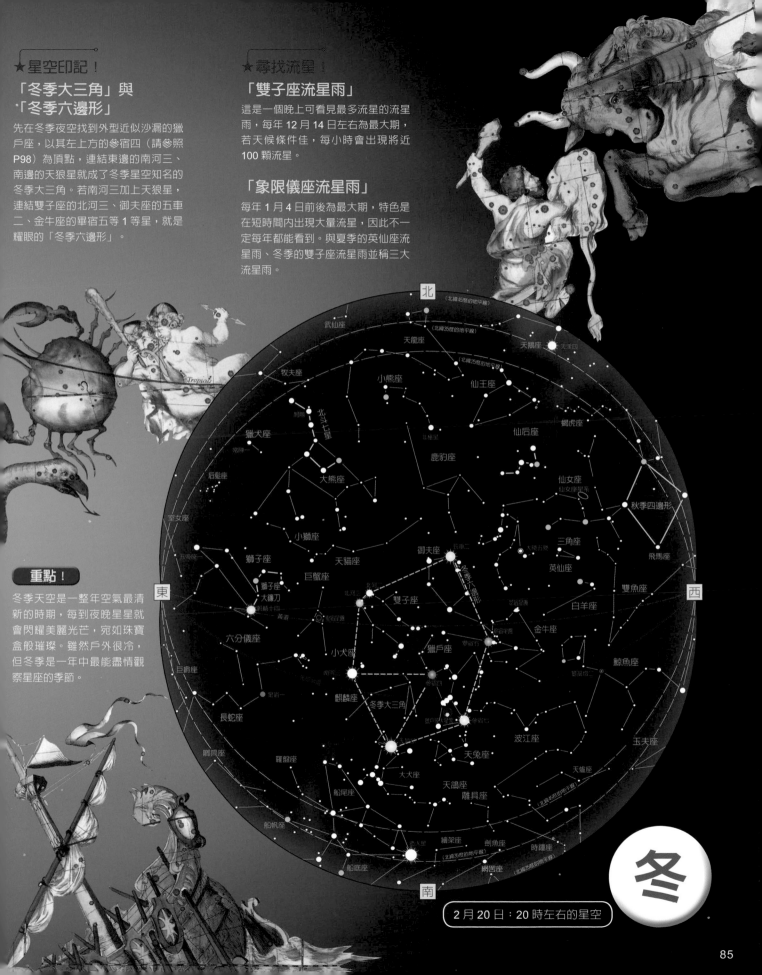

★星空印記！

「冬季大三角」與 「冬季六邊形」

先在冬季夜空找到外型近似沙漏的獵戶座，以其左上方的參宿四（請參照P98）為頂點，連結東邊的南河三、南邊的天狼星就成了冬季星空知名的冬季大三角。若南河三加上天狼星，連結雙子座的北河三、御夫座的五車二、金牛座的畢宿五等 1 等星，就是耀眼的「冬季六邊形」。

★尋找流星！

「雙子座流星雨」

這是一個晚上可看見最多流星的流星雨，每年 12 月 14 日左右為最大期，若天候條件佳，每小時會出現將近 100 顆流星。

「象限儀座流星雨」

每年 1 月 4 日前後為最大期，特色是在短時間內出現大量流星，因此不一定每年都能看到。與夏季的英仙座流星雨、冬季的雙子座流星雨並稱三大流星雨。

重點！

冬季天空是一整年空氣最清新的時期，每到夜晚星星就會閃耀美麗光芒，宛如珠寶盒般璀璨。雖然戶外很冷，但冬季是一年中最能盡情觀察星座的季節。

北

南

東

西

2 月 20 日：20 時左右的星空

冬

85

日本傲視全球的望遠鏡

昂星團望遠鏡

昂星團望遠鏡　近紅　可見

▎▍▎基本資料

· 觀測可見光與近紅外線。
· 1999 年開始運用。
  日本國立天文台使用的大型望遠鏡，口徑達 8.2m，是全世界單片主鏡口徑最大的望遠鏡。另搭載高性能感應器和相機。

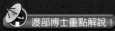

主焦點（副鏡）

主鏡

昂星團望遠鏡內部

主鏡反射天體發出的光，透過主焦點（副鏡）形成影像。昂星團望遠鏡的主鏡是由一片口徑 8.2m 的巨型鏡片構成，這是全世界最大型的鏡片。副鏡會投射光線到幾個觀測裝置，不只是人類肉眼看得見的「可見光」，就連波長較長的「近紅外線」也能觀測到。

渡部博士重點解說！

從 20 世紀初期，人類便製造出擁有大口徑鏡片的反射望遠鏡。折射望遠鏡的鏡片口徑最大只有 1m，反射望遠鏡較容易做出比折射望遠鏡更大的款式。以日本國立天文台在美國夏威夷毛納基火山山頂架設的「昂星團望遠鏡」（反射望遠鏡）為例，這座望遠鏡採用口徑 8.2m 的鏡片。不只如此，近年製造的大型望遠鏡皆為反射望遠鏡（請參照 P81）。與在太空中執行任務的哈伯太空望遠鏡（口徑 2.4m）相較，昂星團望遠鏡的特色在於擁有廣闊視野。

向天空發射雷射光！

自適應光學系統

抬頭眺望夜空，可以看到星星閃爍的模樣，這是受到地球大氣*晃動的影響。由於這個緣故，我們很難在陸地利用望遠鏡正確觀測。話說回來，昂星團望遠鏡安裝了「自適應光學系統」。此裝置會發射雷射光，在夜空製造人造星星，以此為基準適度調整，排除大氣晃動帶來的影響。

仙女座星系

左邊為昂星團望遠鏡、右邊為哈伯太空望遠鏡拍攝的仙女座星系（請參照 P122）局部照片。使用雷射光實現比太空望遠鏡更清晰的觀測結果。

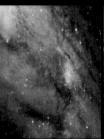

昂星團望遠鏡

凱克天文台

美國的大型望遠鏡。由兩座口徑 10m 的望遠鏡組成。

望遠鏡架設在高處的理由

夏威夷毛納基火山的海拔高度為 4205m。附近沒有大城市，空氣乾燥，晴朗日子較多，因此火山山頂是全世界屈指可數、適合觀測天體的地點。由於這個緣故，此處聚集了包括日本在內，來自全球共 13 座望遠鏡進行觀測。

VLT 可見

由 4 座口徑 8.2m 的望遠鏡組成，是歐洲南方天文台在智利北部阿塔卡瑪沙漠帕瑞納山山頂，海拔高度 2635m 處架設的望遠鏡。

LBT 近紅 可見

大雙筒望遠鏡（LBT）擁有 2 座口徑 8.4m 的鏡片，架設在美國亞利桑那州，海拔高度 3260m 的格拉漢姆山。其拍攝的近紅外線影像，比哈伯太空望遠鏡清晰 10 倍。

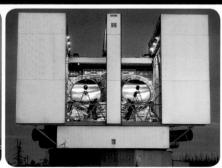

用語集 * 大氣：包覆著地球等行星或衛星周圍的氣體。

電波望遠鏡的新星

ALMA

矗立在沙漠的天線

由日本、美國與歐洲各國共同合作建設的阿塔卡瑪大型毫米及次毫米波陣列（ALMA），位於智利、海拔高度 5000m 的阿塔卡瑪沙漠，於 2011 年開始試運用，2013 年 3 月正式運用。ALMA 是由 66 座拋物形天線組成。阿塔卡瑪沙漠適合進行電波觀測，ALMA 選在此處研究宇宙誕生時形成的星系，同時觀測星星。

🔊 渡部博士重點解說！

觀賞電視或衛星節目時，必須利用天線接收電視台發出的電波。事實上，外太空的天體也有發出電波的物質，構成星星的氣體和塵埃就是其中一例。使用巨型天線，也就是電波望遠鏡，可以捕捉天體樣貌。接下來為各位介紹電波望遠鏡探索到的宇宙，完全顛覆以人類肉眼透過可見光*觀測到的外太空印象。

透過電波看到的宇宙

星系的噴流

上方是以電波與可見光捕捉到的半人馬座星系合成照。電波可幫助我們觀測遠超出此星系大小且噴發出相對論性噴流*（請參照 P126）的電波星系*（請參照 P127）。

利用電波觀測到的怪物星系

紅色部分是用電波捕捉到的怪物星系，怪物星系是形成宇宙初期的星系。以超過普通星系數百到一千倍的速度誕生星星。

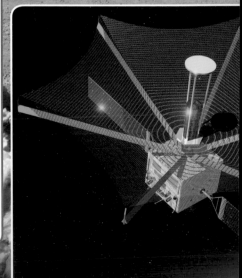

用語集　*可見光：人眼可感受到的光線。　*相對論性噴流：由黑洞、原恆星、電波星系等噴出的電漿等氣體。
*電波星系：發出強烈電波的星系。

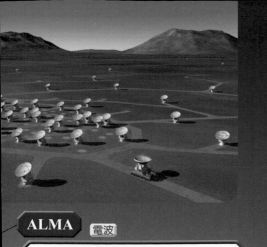

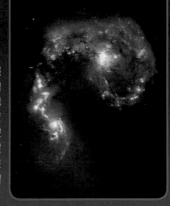

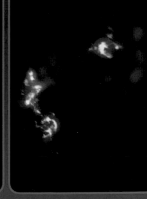

ALMA 捕捉的星系

右方 2 張照片是觸鬚星系*（請參照
P125）。右邊是 ALMA 捕捉到的氣體
（紅色與黃色部分），這些氣體是構
成恆星的成分，恆星就是從氣體濃度
較高的地方誕生。若將其與哈伯太空
望遠鏡（請參照 P78）以可見光捕捉
到的藍色星星重疊在一起，做成如左
方照片的合成照，即可看出包括氣體
在內的整體星系樣貌。

ALMA　電波

▌▌▌ 基本資料

· 觀測電波。

· 2011 年開始運用。
　整體設施的直徑達 18.5km，結合所有天線
　的力量，即可發揮巨型電波望遠鏡的功效。

HALCA 太空望遠鏡　電波

1997 年 由 JAXA 發 射 升 空 的
「HALCA」衛星，利用其裝載
的電波望遠鏡，以下圖所示的方
式與地球上的望遠鏡連線，完成
3 萬 km 大口徑望遠鏡。主要任
務是觀測相對論性噴流。

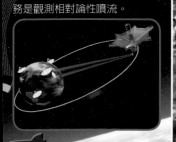

SPT　電波

由北美研究機構在南極點設置
的口徑 10m 電波望遠鏡。與可
見光一樣，在大氣*稀薄且溫度
較低的地方較容易觀測電波，
因此山頂、南極以及外太空是
最佳的觀測地點。

用語集　＊觸鬚星系：兩個星系互相撞擊，產生如昆蟲觸角的長手臂。　　＊大氣：包覆著地球等行星或衛星周圍的氣體。

史匹哲太空望遠鏡

 渡部博士重點解說！

光有各種不同的波長。1960 年代，人類在獵戶座大星雲（請參照 P112）中，發現到只能用紅外線看見的天體。由於紅外線是低溫天體發出的光線，加上剛誕生的恆星通常躲在雲裡，因此紅外線主要用來觀測恆星的誕生。儘管在地球上也能觀測到部分紅外線，但絕大多數都被大氣吸收。想實現精密觀測，一定要用太空望遠鏡。NASA 發射的史匹哲太空望遠鏡是最具代表性的紅外線望遠鏡。

龍魚星雲

這是史匹哲太空望遠鏡觀測到的恆星形成領域*。科學家認為看似眼睛的明亮星星是原恆星（恆星寶寶）。

AKARI 紅外線空間望遠鏡衛星

這是由 JAXA 發射升空的紅外線望遠鏡，可觀測大範圍紅外線，也能觀測年老的星體、受熱的氣體與塵埃。

共同合作的望遠鏡

史匹哲太空望遠、AKARI 紅外線空間望遠鏡衛星與昴星團望遠鏡（請參照 P86）共同合作，捕捉到太陽系外行星*（請參照 P114）誕生的狀況。這些望遠鏡在名為 HD165014 的星體周圍，發現了釋放出強烈紅外線，由塵埃與氣體形成的圓盤狀星雲。面對廣闊宇宙，眾家望遠鏡攜手合作，共圖解開宇宙謎團。

HD165014

捕捉大尺度結構的

2MASS Project

距離愈遠的天體，傳遞至地球的光線波長愈長。只要利用這項特點，就能測量該天體距離地球有多遠。2 微米全天巡天計畫（2MASS Project）連結陸地上多個紅外線望遠鏡，揭開了大尺度結構*（請參照 P133）的神祕面紗。

遠紅 近紅

基本資料

· 觀測紅外線。
· 2006 年開始運用。

 用語集　＊恆星形成領域：氣體與塵埃集結，恆星誕生的地方。
＊大尺度結構：宇宙中星系如巨大泡泡般分布的結構。
＊太陽系外行星：不圍繞太陽，而是環繞其他恆星的行星。

史匹哲太空望遠鏡 遠紅 近紅

Ⅲ. 基本資料

· 觀測紅外線。
· 2003 年 8 月 25 日發射升空，2003 年開始運用。
  2009 年，用來冷卻相機的液態氦用完了，導致觀
  測能力下降。

麒麟座

這是 WISE 觀測到的麒麟座 Sh2-284
星雲，中心有一顆質量*較重的年輕恆
星，吹開周圍的星際分子雲*。

WISE

NASA 於 2009 年發射升空的紅
外線望遠鏡，觀測質量較小的棕
矮星*等，以及只能發出紅外線的
天體。

宇宙洞穴

過去科學家一直將 NGC1999 黑色領域
視為暗星雲*（請參照 P113），透過赫
雪爾太空望遠鏡的觀測，確認此處空無
一物。

赫雪爾太
空望遠鏡

由 ESA（歐洲太空總
署）發射的太空望遠
鏡。口徑為 3.5m，最
適合觀測遠紅外線。

Ⅲ. 基本資料

· 觀測紅外線。
· 2009 年 5 月 14 日發射。

電波 遠紅

天體目錄

紅外線的穿透力遠勝於可
見光*，可穿透物體內部，
因此能觀測到可見光看不
見的領域。AKARI 紅外線
空間望遠鏡衛星利用紅外
線觀測全天超過 96％的
領域，發現約 130 萬個天
體，製成天體目錄。

小行星目錄

紅外線能捕捉到可見光極難觀測的小行星*。AKARI 紅外線
空間望遠鏡衛星觀測到 5120 顆小行星，調查小行星的大小、
表面性質，製成小行星目錄。

小行星帶（請參照 P53）

*質量：形成物體重量的量。　　*星際分子雲：位於星體與星體之間的低溫高密度氣體雲。此處是恆星的出生地。
用語集
*棕矮星：由於質量過小，無法產生核融合反應，不能成為恆星或行星的天體。　　*暗星雲：遮蔽來自後方的光線，看起來像是在黑暗中漂浮的星雲。
*可見光：人眼可感受到的光線。　　*小行星：環繞太陽公轉的小天體。

尋找黑洞！

X 光望遠鏡

錢卓拉 X 射線天文台 X

▮▮ 基本資料

· 觀測 X 射線。
· 1999 年開始運用。
  NASA 發射的 X 射線望遠鏡，擁有精密度極高的觀測性能。

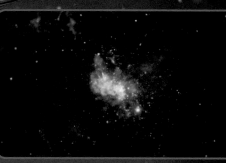

 渡部博士重點解說！

X 射線是照 X 光片時使用的放射線。過去曾有發射升空的火箭，確認外太空存在著意想不到的強烈 X 射線。因此 1970 年代起，開始由太空望遠鏡進行正式的觀測任務。到目前為止，人類發現許多發出 X 射線的天體，包括黑洞*（請參照 P106）、活躍星系核*（請參照 P126）、超新星殘骸*（請參照 P104）等。此外，X 射線會被大氣*吸收，無法在陸地上觀測，所以必須使用太空望遠鏡。

人馬座 A

科學家認為人馬座 A 是位於銀河系中心一個非常巨大的黑洞。根據錢卓拉太空望遠鏡的觀測，在此巨大黑洞的旁邊有恆星誕生。

水母星雲

朱雀衛星的太空望遠鏡捕捉到一顆沉重星體在死亡時爆炸留下的超新星殘骸。分析後發現爆炸當時該區溫度比周圍高 1 億°C。

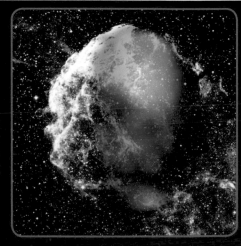

朱雀衛星

這是 JAXA 於 2005 年發射升空的 X 射線望遠鏡，可觀測大範圍 X 射線波長。

用語集 ＊黑洞：因具有超強重力，物質與光皆無法逃出的天體。　＊活躍星系核：極明亮的星系核心。
＊超新星殘骸：超新星爆炸後留下的星雲狀天體。　＊大氣：包覆著地球等行星或衛星周圍的氣體。

揭開神祕現象

伽瑪射線望遠鏡

 渡部博士重點解說！

1960 年代，人類為了觀測在地球上進行的核實驗而發射衛星。這顆衛星在偶然機會下發現地球外存在著強烈的伽瑪射線。伽瑪射線的波長比 X 射線短，也是會被大氣吸收的放射線。同樣的，我們必須使用太空望遠鏡才能觀測。伽瑪射線暴*是來自天空中某一方向的伽瑪射線，持續時間只有數十秒的現象，目前已知唯有質量極大的星星爆炸才會出現。不過，其發生源和作用機制仍未釐清。

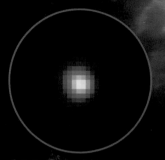

GRB 090429B

這是 2009 年尼爾・格雷爾斯雨燕天文台觀測到的伽瑪射線暴，生成於距離地球 131 億 4000 萬光年*前。

尼爾・格雷爾斯雨燕天文台

可見　紫外線
X　Y

📊 基本資料

・伽瑪射線暴的觀測衛星。

・2004 年 11 月 20 日發射升空。2004 年開始運用。
伽瑪射線暴的發生時間很短，最長只有數十秒。由於這個緣故，尼爾・格雷爾斯雨燕天文台的太空望遠鏡設計成只要感應到伽瑪射線暴，就會自動觀測。

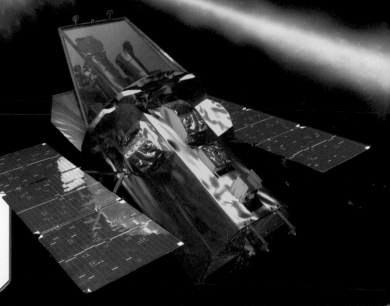

微中子與重力波觀測

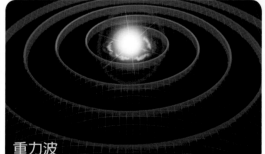

工作中的人

超級神岡探測器

超新星爆炸時會噴出名為微中子*的微小粒子。興建在日本岐阜縣神岡礦山地底下的觀測設施，任務是觀測微中子，解開星球爆炸的作用機制。

重力波

超新星爆炸或重量極重的星球合體時，會使空間扭曲，此時產生的曲率變化像波一樣向外傳播。這就是「重力波」。2015 年，美國 LIGO 科學團隊宣布探測到重力波，這是領先全球的創舉。

神岡重力波探測器（KAGRA）

位於神岡礦山地底，長達 3km 的重力波觀測裝置。期待創下日本國內首次探測到重力波的紀錄。

用語集
*伽瑪射線暴：強力伽瑪射線在短時間內呈爆炸性放射的現象。
*光年：天文學使用的距離單位。1 光年指的是光往前進 1 年的距離，約 9 兆 4600 億 km。
*微中子：構成物質的最小單位，基本粒子之一。

次世代望遠鏡

全新望遠鏡正式降臨！

次世代望遠鏡

渡部博士重點解說！

過去曾有一段時間，世界各國的研究機構互相競爭，紛紛架設大型望遠鏡。如今則是由幾個國家共同建設各種超大型望遠鏡。只要啓動這些全新望遠鏡，絕對可以解開宇宙之謎。為各位介紹目前正在籌劃，架設於陸地或發射至外太空的次世代望遠鏡。

SKA 電波

平方千米陣

由澳洲與南非兩國主導的平方千米陣計畫，由上千台天線組成，預計於2020年全面運行。參與機構超過10個，耗資2000億日圓興建。相信未來某一天，SKA將為我們解開宇宙初始時刻與暗能量*之謎。

用語集 ＊可見光：人眼可感受到的光線。 ＊太陽系外行星：不圍繞太陽，而是環繞其他恆星的行星。
＊暗能量：充溢宇宙空間，具有增加宇宙膨脹速度的作用。

94

TMT 近紅 可見

30公尺望遠鏡

包括日本在內的多個國家共同籌組國際計畫，在美國夏威夷島毛納基火山（請參照P87）興建全新望遠鏡。此計畫內含全球最大口徑30m的複合式望遠鏡，運用可見光*與紅外線，集光能力是既有望遠鏡的10倍以上。預計2021年開始運用，任務是觀測至今從未見過的太陽系外行星*（請參照P114），揭開原星系的神祕面紗。

世界上的人們齊心協力，共同建造。

外太空是所有人的夢想。

E-ELT 近紅 可見

歐洲極大望遠鏡

這是歐洲南方天文台計畫在南美智利建造的口徑39.3m望遠鏡，他是目前籌畫中全球最大的光學望遠鏡*，預計2020年代初期開始運用。

GMT 近紅 可見

巨型麥哲倫望遠鏡

結合7片口徑8.4m的主鏡，發揮口徑24.5m的解析力。最大特色在於具有雷射導引功能。以2018年開始運用為目標，在南美智利推動建設計畫。主要目的為與JWST攜手進行天體觀測。

JWST 近紅 可見

詹姆斯・韋伯太空望遠鏡

哈伯太空望遠鏡一直是過去宇宙觀測的主力，為了接替哈伯，NASA正在積極開發詹姆斯・韋伯太空望遠鏡。採用紅外線觀測，擁有口徑6.5m主鏡，目標是發射升空後即使經過十年，仍為全世界最頂級的天文觀測衛星。

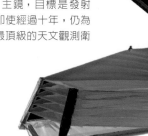

SPICA 遠紅 近紅

宇宙學與天體物理空間紅外望遠鏡

這是日本積極推動的新型太空紅外線望遠鏡。擁有口徑3m級主鏡，以解開星系誕生與行星形成之謎為主要任務。在距離地球150萬km的外太空進行拍攝，預計將創下前所未有的豐碩成果。計畫於2022年發射升空。

第三章

恆星的樣貌

Star

 渡部博士重點解說！

在夜空中閃耀的星星，光是肉眼可見就超過 6000
顆。這些星星與地球這類行星不同，它們會自行
發光，和太陽一樣都是「恆星」。整個銀河系*
存在著超過 1000 億顆恆星，觀察比較各種不同
類型的星星，可以見證從誕生到死亡，度過漫長
歲月，令人震撼的星星的一生。

用語集　＊銀河系：宇宙中有無數星系，包括人類存在的地球與太陽在內的星系稱為銀河系。

人馬座恆星雲

夏末時節可在南方天空看見人馬座四周的銀河，有一處寬度最寬、顏色最深的區域，名為「人馬座恆星雲」。若以望遠鏡放大這塊星星聚集的明亮區域，就會發現此處有各種亮度和顏色不同的星星聚集，這就是銀河的真實面貌。

測量星球的距離

恆星視差

隨著地球繞著太陽四周公轉，人類看見天空中的天體位置也會跟著變化。我們知道太陽與地球的距離，因此可利用不同時期的視覺差異（視差），測量地球與天體的距離。愈遠的天體，視差愈小。就像我們搭乘電車或汽車時看到的風景，近距離風景的差異會比遠距離風景還要大。

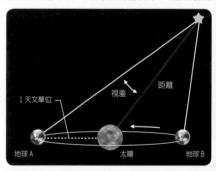

星球的真實亮度

絕對星等

夜空的星星閃耀著不同亮度，星星的亮度以「星等」顯示，每個星等的亮度約差 2.5 倍。不過，星星真正的亮度並非我們肉眼看到的亮度。以相同亮度的星星為例，離我們較近的星星看起來較明亮。假設所有星星的距離都相同，調查其真正的亮度，亦即「絕對星等」，就會發現有些星星原本很亮、有些星星本來就很暗。

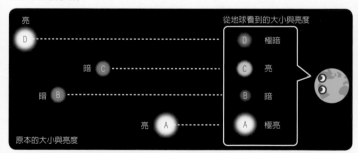

與太陽系較近的天體距離

我們目前得知的太陽系大小，為距離歐特雲*（請參照 P73）1 光年的範圍。在太陽系之外，距離太陽系最近的恆星是閃耀在南半球天空的半人馬座南門二的伴星*「比鄰星」，其距離太陽約 4.2 光年*。

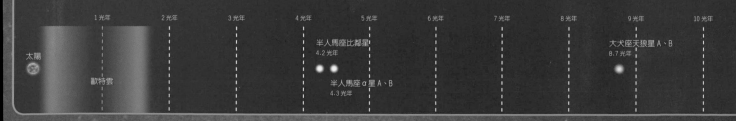

用語集：*歐特雲：科學家推估位於太陽系盡頭，包圍太陽系的天體群。
*伴星：兩顆聯星中，亮度較暗的那一顆恆星。　*光年：天文學使用的距離單位。1 光年指的是光往前進 1 年的距離，約 9 兆 4600 億 km。

各種恆星的樣貌

恆星的種類

 渡部博士重點解說！

銀河系中有超過 1000 億顆恆星，每顆長得都不一樣。即使與太陽同為恆星，樣貌也各有千秋。接下來就以顏色和大小差異為主，了解我們看到的恆星樣貌。這些恆星的特性是如何決定的？只要探測夠多恆星並多方比較，就能找到恆星的分類法則。

紅超巨星　參宿四

質量*比太陽大上許多的年老超巨星稱為「紅超巨星」。位於獵戶座右肩最閃亮的 0.4 等星*參宿四正邁入生命的最後階段。參宿四比太陽重 20 倍，處於極不穩定的狀態，隨時都可能產生超新星爆炸*（請參照 P104）。

比太陽大 1000 倍的恆星

太陽是一個直徑達地球 109 倍的大型天體。不過，宇宙中存在著比太陽還大的恆星。這些恆星的直徑是太陽的數十倍，甚至超過 1000 倍，亮度也比太陽亮數千到 1 萬倍，屬於超巨星。科學家認為獵戶座參宿四會膨脹到太陽的 1000 倍大，最後會吞沒太陽系的木星軌道*。

地球軌道　　水星軌道

火星軌道　　太陽

木星軌道　　金星軌道

本頁的參考方法

太陽與主要行星軌道，以及後方的恆星插圖，都是用相同比例尺畫出來的。宇宙中存在著比太陽還大的星球。

紅巨星　畢宿五

持續進化的恆星膨脹變大，表面溫度會慢慢下降，變成紅色。這類恆星稱為「紅巨星」。在冬季天空閃耀的金牛座 1 等星畢宿五，是一顆直徑約太陽 40 倍的紅巨星。

藍超巨星　天津四

天津四是夏季大三角之一的恆星，也是亮度超過太陽 5 萬倍的藍超巨星。儘管與太陽的距離超過 1000 光年，依舊散發出 1 等星該有的亮度。

用語集　　＊質量：形成物體重量的量。　　＊0.4 等星：亮度很亮的星星。
＊超新星爆炸：恆星走到生命盡頭時引發的大規模爆炸。　　＊軌道：物體運動的路徑。

小型天體的體積

不只有超巨星，也有比太陽還小，可與太陽系的行星相較的天體。這類天體誕生後質量就很小，無法長大為恆星；或是成長為恆星，並以恆星之姿走完一生。

 地球

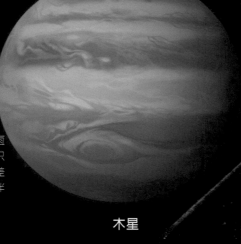

白矮星　天狼星 B

天狼星 B 原本是一顆如太陽輕盈的恆星，變成紅巨星後，外側氣體消失，只留下核心，成為白矮星。大小與地球差不多，密度很高。天狼星 B 也是一顆伴星*，繞著冬季出現的天狼星運行。

木星

棕矮星　葛利斯 229B

並非所有在宇宙中誕生的天體，都會像太陽一樣閃耀。葛利斯 229B 的質量只有太陽的 0.04 倍左右，又小又暗，由於質量過輕，無法像一般的恆星進行核融合反應*。這類恆星稱為棕矮星。

中子星

質量超過太陽 8 倍的恆星在生命盡頭產生大爆炸，爆炸後留下質量與太陽相當，大小只有 10km，密度極高的天體。此為中子星*（請參照 P107）。

土星軌道

紅超巨星　大犬座 VY

在目前已知的星球中，大犬座 VY 是很大的恆星。不過，許多研究對它的體積有不同解讀，預測直徑約在 20 億～ 40 億 km 之間，其大小與土星軌道差不多。

為什麼恆星有不同顏色？

恆星閃耀的顏色各有不同。為什麼會有顏色的差異？若仔細分析太陽的白色光芒，會發現其中包含著彩虹般的五顏六色。恆星的顏色來自於表面溫度，太陽表面的溫度為 6000K，表面溫度高達 1 萬 K 的恆星發出藍光。另一方面，紅巨星這類發出偏紅色光的恆星，表面溫度約 3000K。表面溫度愈高的恆星，發出的顏色偏藍；溫度愈低，光色偏紅。

赫羅（H-R）圖的參考方法

右邊的赫羅（H-R）圖以亮度（絕對星等）與顏色（表面溫度）排列恆星種類。查詢恆星亮度與溫度，再對照圖表，即可確認該恆星的屬性。圖的橫軸顯示恆星顏色，由右至左為紅到藍色，亦即溫度由低至高。縱軸顯示恆星亮度。愈往上，亮度愈高。一般來說，紅色恆星偏暗，藍色恆星偏亮，因此從右下往左上排列。從這張圖不難發現，紅巨星和白矮星是很特別的天體。

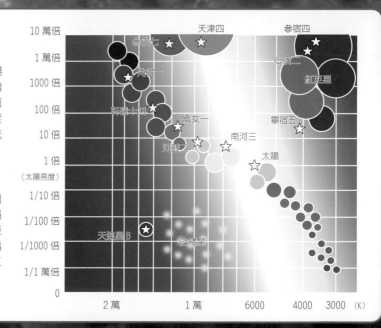

10 萬倍　　　　　　　天津四　　　參宿四
1 萬倍　參宿七
1000 倍
100 倍
10 倍　　　　　　　織女一
1 倍　　　　　　　　　　　南河三　　太陽
（太陽亮度）
1/10 倍
1/100 倍
1/1000 倍　天狼星 B　　　白矮星
1/1 萬倍
0
　　　2 萬　　　1 萬　　6000　　4000　3000 （K）

用語集　*核融合反應：兩個原子核融合，產生新原子核的反應。　*伴星：兩顆聯星中，亮度較暗的那一顆恆星。
*中子星：幾乎由中子形成的超高密度恆星。

輪迴的恆星

恆星的一生

 渡部博士重點解說！

宇宙誕生時只有氫和氦兩大元素＊。人體必需的氧氣、氮和鐵等各種元素，全都是在恆星內部製造出來的。接著就來了解各恆星依誕生時的重量走過的不同一生，以及以不同樣貌走向生命盡頭，重生為次恆星的所有歷程。

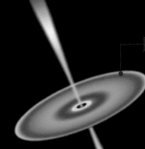

黑洞（請參照 P106）
質量為太陽 30 倍以上的恆星，在經過超新星爆炸後，核心受到本身重力影響塌陷，形成黑洞。

星雲收縮
氣體往星雲中濃度較高的地方聚集。

紅超巨星
（請參照 P98）
直徑為太陽的 100 倍到 1000 倍以上，亮度也超過太陽的數千倍。

中子星（請參照 P99）
質量為太陽 8 ～ 10 倍的恆星出現超新星爆炸後，成為中子星。

質量為太陽 8 倍以上的恆星

與太陽質量相等的恆星

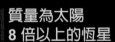

原恆星（請參照 P103）
暗星雲的一部分因重力塌縮，變成原恆星（恆星的種子）。科學家認為原恆星具有由氣體和塵埃組成的原恆星盤，從圓盤中心噴發垂直的相對論性噴流。

質量為太陽 1 ～ 8% 的恆星

 用語集 ＊元素：物體最小單位的物質。 ＊質量：形成物體重量的量。

星雲（請參照 P112）

由富含氫和氦的氣體與塵埃組成，是恆星誕生的原料。其中不發光的黑暗區域稱為「暗星雲」或「星際分子雲」。

行星狀星雲（請參照 P105）

恆星演化至末期只剩核心，向外膨脹的氣體稱為行星狀星雲。

黑矮星

白矮星（請參照 P99）

只剩核心的恆星慢慢變冷，失去光芒，先變成白矮星，再演化成黑矮星。

紅巨星（請參照 P98）

當作為燃料的氫氣逐漸減少，恆星就會慢慢變大，成為紅巨星。

超新星爆炸（請參照 P104）

恆星死亡時產生的大爆炸。恆星內部製造的各種物質，在爆炸後散布於宇宙空間，成為星際氣體。

棕矮星（請參照 P99）

沒有核融合反應*，維持次恆星的狀態並逐漸變冷。

用語集　*核融合反應：兩個原子核融合，產生新原子核的反應。

恆星從何處誕生？

恆星的誕生

 渡部博士重點解說！

在夜空中閃耀的恆星究竟是從何處誕生？接著就來解開這個謎題。
散布於宇宙空間的氣體和塵埃是恆星誕生的原料，暗星雲*（請參照
P113）的深處受到重力影響，氣體塌縮，密度愈來愈高，最後形成恆
星，發出光芒。太陽系在 46 億年前經歷過激烈的誕生過程，如今仍
在宇宙各處上演。

恆星誕生的情景
W5

透過可見光*是無法看見冷卻的星
際分子雲*，由於剛出生的恆星加
熱了塵埃，因此若改用紅外線觀
測，可以看見隱約的光芒。上方
照片是仙后座的 W5，包覆在氣體
之下閃閃發光的物體正是剛誕生
的恆星。

宇宙的雲是恆星的搖籃
鷹星雲的中心部位

散布在外太空的氣體與塵埃聚集成星際分子雲，此處正是恆星誕生
的地點。星際分子雲中氣體濃度較高的地方，遮蔽了來自後方的光
線，看起來像是沉浮於背景光的暗星雲。新星就從看似柱子般閃耀
的明亮氣體中誕生。照片為巨蛇座的鷹星雲，由於外型極似老鷹展
翅，因此得名。

用語集　＊暗星雲：遮蔽來自後方的光線，看起來像是在黑暗中浮沉的星雲。
＊可見光：人眼可感受到的光線。　＊星際分子雲：位於星體與星體之間的低溫高密度氣體雲。此處是恆星的出生地。

垂直噴出的相對論性噴流是恆星呱呱落地的象徵

恆星在星際分子雲的深處呱呱落地。受到重力影響,氣體濃度較高的部分塌縮,大約 100 萬年後形成原恆星。原恆星是「恆星的種子」,處於恆星誕生的前一階段,此時會噴出激烈的相對論性噴流,照耀宇宙空間。

星雲

周遭氣體與塵埃密度較低的雲稱為「星雲」,被相對論性噴流往外噴散。

原恆星

密度變高的核心受到不斷堆積的氣體能量影響開始發光,此時尚未出現核融合反應*,屬於恆星誕生的前一階段。

原恆星盤

塌縮的氣體開始旋轉,受到離心力影響,在原恆星旁四周形成氣體星盤,成為行星誕生的原料。

相對論性噴流

氣體從圓盤持續向中心的原恆星堆積,部分氣體以秒速數十公里的速度垂直噴出,帶走多餘能量。

星際分子雲看起來好鬆軟喔!

在此處孕育誕生。

恆星寶寶就是

赫比格-哈羅天體

原恆星附近的噴流前端有一團看似星雲的氣體,原恆星隱藏於星際分子雲之中。由於這個緣故,高速往外噴出的相對論性噴流撞擊四周的星際氣體*,形成赫比格-哈羅天體。

用語集 *核融合反應:兩個原子核融合,產生新原子核的反應。 *星際氣體:宇宙中的雲,氫氣和氦氣等氣體。

超新星爆炸後，核心可能變成黑洞*（請參照 P106），也可能變成中子星*（請參照 P107）。

在宇宙空間發生的大爆炸！

恆星的最後階段①

渡部博士重點解說！

超新星爆炸是質量較大的恆星在死亡時發生的大爆炸現象。此時會釋放巨大能量，幾乎與整個星系一樣明亮，科學家認為大爆炸也與宇宙中最激烈的現象伽瑪射線暴*（請參照 P91）有密不可分的關係。此外，超新星爆炸將矽、硫磺等重元素*釋放至外太空，這些元素與行星誕生和人類生命起源息息相關。

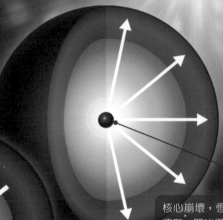

超新星爆炸

核融合反應*的熱能與重力在恆星內部維持平衡。比太陽重 8 倍的恆星進化成紅超巨星*（請參照 P98）後，核心壓力承受不住重力，開始崩塌。此時產生的衝擊波*噴散恆星外側的氣體，即為超新星爆炸。

受到自身重力影響，核心塌縮。

核心崩壞，恆星的氣體全部往外潰散，開始爆炸。

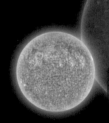

質量*超過太陽 8 倍的恆星逐漸改變樣貌，成為巨大的紅超巨星。

超新星殘骸

超新星爆發後會留下星雲*（請參照 P112）狀天體。超新星殘骸內部的氣體溫度極高，X 射線與各種波長的光發出光芒。因爆炸潰散的恆星氣體以秒速 1000km 以上的速度散布於宇宙空間。

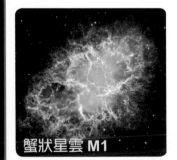

蟹狀星雲 M1

這是位於金牛座的超新星殘骸。日本與中國皆留下文獻，這次發生在 1054 年的爆炸現象，至今仍持續膨脹中。

N49

這是位於大麥哲倫星系的超新星殘骸。發生於 5000 年前左右的爆炸產生的衝擊波，與周遭氣體碰撞，發出光芒。

看似有兩個月亮的日子

獵戶座的參宿四（請參照 P98）在經歷超新星爆炸後，變得比月亮還亮，天空中看似掛著兩個月亮。氣體從參宿四傳遞到地球至少需要數萬年，加上強烈的伽瑪射線*方向偏移，科學家認為此次大爆炸對地球影響不大。

沙漏星雲　MyCn18

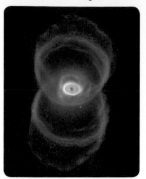

位於南天的行星狀星雲。吞沒中央恆星的氣體，形狀宛如沙漏。

小鬼星雲　NGC6369

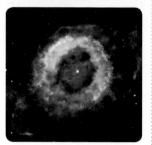

氧離子與氮離子發出不同顏色的光。恆星最初釋出的稀薄氣體圍繞在外側。

環狀星雲　M 57

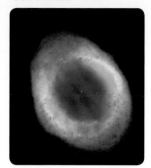

這是天琴座知名的行星狀星雲。呈環狀圍繞中心星的星雲外側，發出彩虹般的顏色。

行星狀星雲

質量過輕無法產生超新星爆炸的恆星，外側氣體逐漸膨脹，飄散至宇宙空間，殘留在核心的白矮星*（請參照P99）接收紫外線*，看起來閃閃發光。透過望遠鏡觀測，會看到行星般的圓盤狀星雲，因此稱為「行星狀星雲」。

超新星爆炸

以聯星為例

科學家認為當白矮星與其他恆星形成聯星*（請參照P108），也會產生超新星爆炸。由於白矮星密度很高，重力很強，會吸收氣體，因此爆炸的恆星氣體會流向未爆炸的白矮星。一旦超過界線，就會使白矮星引發超新星爆炸。

爆炸也可能推開另一顆恆星。

堆積在表面的氣體產生核融合反應，開始爆炸。

從另一顆星吸收氣體。

另一顆星

行星狀星雲

白矮星

用語集　＊白矮星：質量較小的恆星演化至最終的形態之一，只剩核心的天體。　＊紫外線：內含於太陽光之中，眼睛看不見的光線。
＊聯星：兩顆以上的恆星受到彼此重力吸引，繞著共同質心運轉的系統。

105

黑洞！

恆星的最後階段②

渡部博士重點解說！

質量超過太陽 8 倍的恆星，無法持續完成核融合反應*，核心承受不了重力，瞬間塌縮。超新星爆炸*結束後，核心密度變得極高，產生重力強大的天體，亦即黑洞與中子星。阿爾伯特 · 愛因斯坦*（請參照 P131）的相對論預測過許多充滿謎團的天體，接下來就讓我們一起探索。

■ 相對論性噴流
原本要吸入的部分物質往外噴散。

黑洞

吞沒恆星的黑洞

插圖是黑洞「天鵝座 X-1」的示意圖。當黑洞與恆星形成聯星*（請參照 P108），黑洞的強烈引力會噴散恆星外側的氣體。流動的氣體在黑洞四周形成吸積盤*，高速運轉的摩擦力變得高溫，釋放強力 X 射線。

連光也無法逃出的黑色洞穴

超新星爆炸後留下來的核心質量*若超過太陽的 3 倍，就會被自己本身的重力影響逐漸塌縮，形成黑洞。即使是宇宙中速度最快的光，一旦被吸進黑洞也絕對無法逃出。黑洞不僅不會像恆星一樣發光，也不會反射光，它會吸收光，因此沒人能看見黑洞的存在。

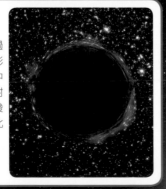

時間靜止？

重力大的地方，時間的進行比重力小的地方慢。人造衛星的時鐘經過調整，走得比平時慢一些。由於人造衛星在比陸地重力小的外太空高速飛行，該處時間走得比地球稍微快一些。擁有無限重力的黑洞中心「特異點」，時間完全不動，呈靜止狀態。

*核融合反應：兩個原子核融合，產生新原子核的反應。　*超新星爆炸：恆星走到生命盡頭時引發的大規模爆炸。
用語集　*阿爾伯特 · 愛因斯坦：發表「相對論」，20 世紀最偉大的物理學家。　*聯星：兩顆以上的恆星受到彼此重力吸引，繞著共同質心運轉的系統。
*吸積盤：出現在黑洞、中子星等天體四周，由氣體與塵埃形成的盤狀結構。　*質量：形成物體重量的量。

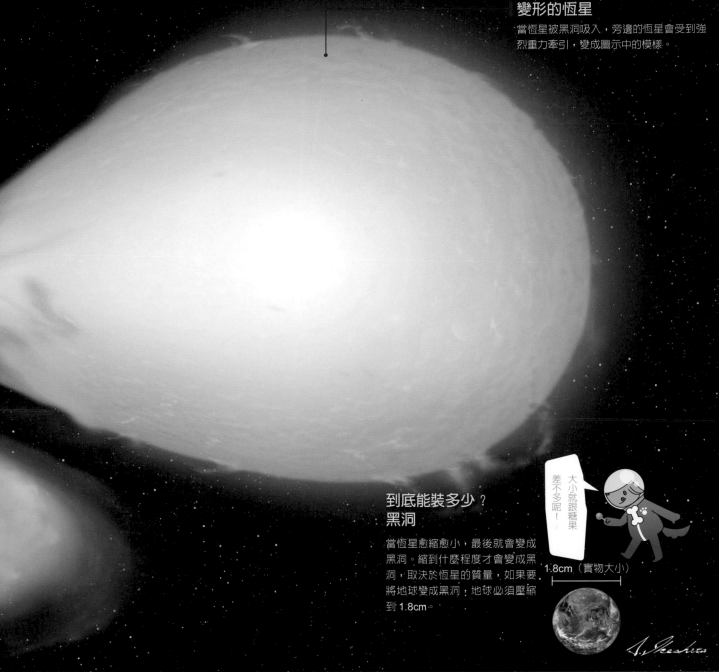

變形的恆星

當恆星被黑洞吸入，旁邊的恆星會受到強烈重力牽引，變成圖示中的模樣。

到底能裝多少？
黑洞

當恆星愈縮愈小，最後就會變成黑洞。縮到什麼程度才會變成黑洞，取決於恆星的質量，如果要將地球變成黑洞，地球必須壓縮到 1.8cm。

大小就跟糖果差不多呢！

1.8cm（實物大小）

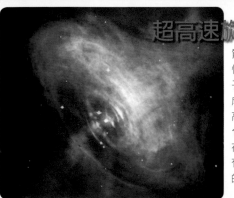

超高速旋轉的中子星

質量過輕，無法成為黑洞的恆星，其核心的原子中，電子併入質子轉化成中子，形成中子星。中子星的密度極高，相當於太陽縮小至半徑 10km，體積 $1cm^3$ 的物質在中子星上重達 10 億噸。有時中子星會以百分之一秒的超高速旋轉。

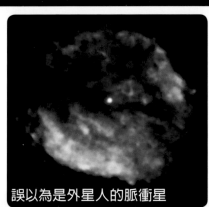

中子星旋轉時，朝磁場兩極發射電波。當電波朝向地球，會形成脈波傳遞至地球上。人類第一次接收到脈衝星發出的規律電波時，科學家還以為是地球以外的生命發出的訊號。

誤以為是外星人的脈衝星

模樣隨時在變！

聯星與變星

夜空中有許多恆星閃爍，它們都與離我們最近的恆星「太陽」一樣嗎？仔細觀察就會發現，許多恆星長得不一樣。兩顆以上的恆星因重力吸引、相互旋轉的系統稱為聯星，亮度經常變化的恆星稱為變星。乍看之下毫無變化的平凡恆星，其實擁有各種面貌。

聯星

兩個以上的恆星彼此環繞的系統稱為聯星。人類存在的太陽系中，太陽是獨立存在的恆星，宇宙中半數以上的恆星屬於聯星，或是由超過 3 顆的恆星組成的多重星。

北河二：6 合星

雙子座是冬季代表星座，其中有一顆恆星稱為北河二。若用肉眼看，只會看到一顆星，但透過望遠鏡觀測，會發現它分成 A 與 B 兩顆星。再進一步分析，又會發現 A 與 B 分別由兩顆星組成。再加上一組小聯星 C 一起環繞，總共有六顆星。

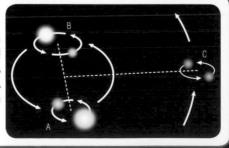

會不會爆炸啊？

真是感情融洽的姊妹星啊！

它們要是吵架的話？

擁有兩顆太陽的行星

行星也存在於聯星系統中。科學家發現繞著聯星運行的行星。多個太陽升起的世界究竟是什麼樣的景緻？目前天文學界正積極研究中。

變星

亮度經常變化的恆星稱為變星。變星有很多種，包括亮度定期變化與不規則變化的變星，變化亮度的機制也各有不同。定期改變亮度的週期性變星，可幫助我們測量與較遠恆星的距離。

芻藁增二的尾巴　　　　　芻藁增二

上方照片為鯨魚座的芻藁增二。芻藁增二是一顆紅巨星*，星體不斷重複膨脹、收縮的過程。亮度在明亮的 2 等到肉眼完全看不見的 10 等之間變化，跨度極大。此外，科學家還發現一條

長長的氣體尾，名為「芻藁增二的尾巴」。由於芻藁增二移動速度很快，科學家認為這條尾巴是芻藁增二表面釋出的氣體被拋諸在後所形成的。

變星種類

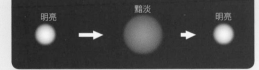

明亮　　　　黯淡　　　　明亮

脈動變星

像芻藁增二這類狀態極不穩定，不斷膨脹收縮、變化亮度的恆星稱為脈動變星。在這類變星中，有一群稱為造父變星，科學家可從光變週期計算出真實亮度。簡單來說，我們可以測量出造父變星離地球有多遠。

食變星

從地球上觀測，兩顆互相繞行的恆星（聯星）剛好重疊在一起，出現彼此掩食而造成亮度發生變化的變星，稱為食變星。兩顆星同時露臉時非常明亮，彼此掩食時則會變暗。

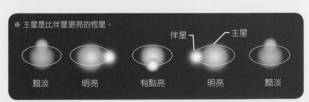

※ 主星是比伴星更亮的恆星。

伴星　　　主星

黯淡　　明亮　　有點亮　　明亮　　黯淡

用語集　＊紅巨星：表面溫度低的巨大紅色恆星。

一口氣誕生的恆星

疏散星團與球狀星團

 渡部博士重點解說！

銀河系*中有超過一千億顆如太陽一樣的恆星，這些恆星並非零星分散
在宇宙空間裡，而是由許多星星聚集在一起，形成集團，稱為星團。
星團大致可分成「疏散星團」與「球狀星團」兩種。請與我一起比較
兩者之間的差異，思考星星聚集成團的原因。

疏散星團

恆星鬆散地聚集在一起的星團稱為
疏散星團。數量有多有少，從數十
顆到一千顆都有，通常顏色偏藍、
溫度較高，特色在於以年輕恆星居
多。疏散星團裡的恆星大多年齡相
仿，可看出彼此演化的差異。

NGC3603

NGC3603 是位於船底座的疏散星團，所在位置是恆星多產區
域，也是銀河系中最年輕、最大的星團之一。大量氣體與塵埃包
覆星團，相信在星團深處一定還有許多新星陸續誕生中。

從星際分子雲誕生的疏散星團

疏散星團是從星際分子雲*誕生的恆星集團。剛開始緊密聚集在一起，隨
著時間過去逐漸變得鬆散。在獵戶座區域形成的恆星，大多數年齡相仿，
因此科學家認為這些恆星來自於散布在整個獵戶座的大片星際分子雲。

獵戶座與
星際分子雲的分布

獵戶座大星雲

位於獵戶座的 M42 又稱為獵戶座大
星雲。裡面有許多年輕恆星，還有許
多新星陸續誕生中。

用語集　＊銀河系：宇宙中有無數星系，包括人類居住的地球與太陽在內的星系稱為銀河系。
　　　　＊星際分子雲：位於星體與星體之間的低溫高密度氣體雲，此處是恆星的出生地。

M13

球狀星團

10 萬到 100 萬顆恆星受到重力吸引緊密聚集，形成一個圓形的密集星團。球狀星團的年齡大多超過 100 億年，是很古老的恆星集團。科學家認為球狀星團可能成形於銀河系誕生初期，但至今仍未釐清。

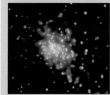

天體的顏色是真實的顏色嗎？

我們看過無數美麗的天體影像，透過望遠鏡觀測，是否能看到如此豐富多彩的色調？事實上，這些影像大多是用眼睛看不見的光拍下的。研究者的必要數據也包括電波、X 射線*等眼睛看不見的波長。組合這類圖片再加上顏色，就能重現拍攝當時正在發生的事情。

這是在船帆座恆星誕生處剛形成的巨大星團。紅色與藍色是高能量 X 射線。

昴宿星團（昴星團）

以「昴星團」聞名的金牛座疏散星團。肉眼可見 6 顆恆星，若用望遠鏡觀測，可看到數十顆藍色星星聚集在一起。每一顆都是誕生 6000 萬年左右的年輕恆星。

疏散星團的形成過程

① 氣體與塵埃往密度較高的地方聚集，產生恆星。剛出生的恆星吹開周遭氣體，在星際分子雲中再次形成高密度區域。

② 在①誕生恆星之後，被吹開的氣體所形成的高密度星際分子雲中，陸續誕生新恆星。

③ 如圖所示，恆星陸續誕生，形成疏散星團。

銀河系中的星團

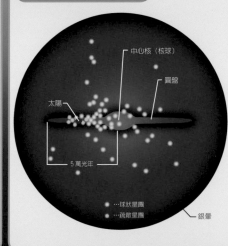

中心核（核球）

圓盤

太陽

5 萬光年

…球狀星團
…疏散星團

銀暈

在四周形成的球狀星團

左方插圖中閃著藍白光芒的圓點是球狀星團。在老年天體較多的核球*與銀暈*領域，球狀星團大多散布在銀河系的中心。科學家認為銀河系吞噬了原本分布在其周圍的矮星系*，只留下中央區域的核球，形成半人馬座 ω（奧米茄星團）般的巨大球狀星團。

在圓盤部分形成的疏散星團

大多數疏散星團存在於銀河系的圓盤部分，此處有許多星際氣體*，誕生新恆星。

＊ X 射線：照 X 光片時使用的放射線。　＊核球：螺旋星系中心部位常見的膨脹區域。
＊銀暈：包圍星系的球狀領域，充滿球狀星團與暗物質。
用語集
＊矮星系：體積不到一般星系百分之一的星系。　＊星際氣體：宇宙中的雲，氫氣和氦氣等氣體。

恆星的搖籃

星雲

渡部博士重點解說！

宇宙不只有閃亮的恆星，抬頭眺望銀河，隨處都能看到淡淡的氣體帶，以及沒有星星的黑暗區域。這就是散布在宇宙空間的星雲樣貌。銀河系中飄散著質量為恆星一成多的氣體與塵埃，我們可以觀測到像雲一樣聚集的區域，確認星雲的存在。即使是現在，我們仍能從星雲中看到創造恆星的星際物質*發揮作用。

船底座星雲
（NGC3372）

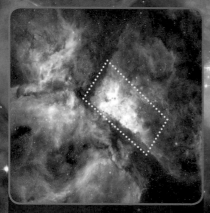

這是位於船底座的巨大星雲。恆星陸續誕生，閃閃發亮的區域已經過500光年。看起來發亮的星雲稱為「瀰漫星雲」。右方照片是上方照片中，以四方形標註的區域放大之後的模樣。

發射星雲

瀰漫星雲中，受到附近高溫恆星加熱的氣體，自行發光的領域稱為「發射星雲」。這是星際物質*中含量最高的氫氣釋放出來的光，讓星雲看起來偏紅。

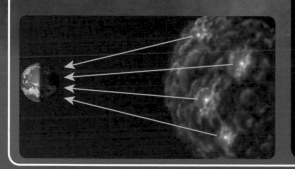

獵戶座大星雲（M42）

位於獵戶座的巨大星雲。中心部位不斷誕生年輕恆星。

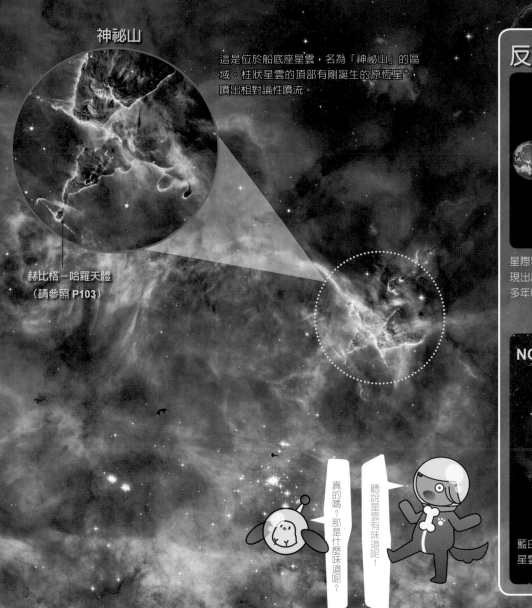

神祕山

這是位於船底座星雲，名為「神祕山」的區域。柱狀星雲的頂部有剛誕生的原恆星*，噴出相對論性噴流。

赫比格－哈羅天體
（請參照 P103）

（請參照 P103）

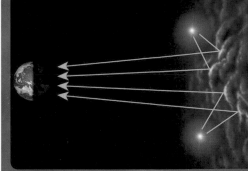

反射星雲

星際物質含有的塵埃反射附近恆星的光，顯現出反射星雲的樣貌。由於反射星雲裡有許多年輕恆星，因此反射星雲大多看來偏藍。

NGC6726

NGC6727

藍白色恆星四周的
星雲反射光。

聽說星雲有味道呢！

真的嗎？那是什麼味道呢？

暗星雲

暗星雲是高密度星際物質聚集的地方，星雲中的塵埃吸收了後方恆星的光，使星雲看起來較暗。

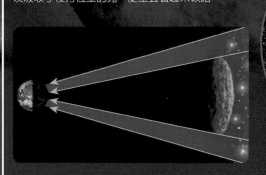

巴納德 68

這是太陽系附近的暗星雲。看起來較暗的區域裡滿布著恆星（請參照 P102）。

（請參照 P102）

銀河系的暗星雲

每年夏季，在沒有光害和月光影響的黑暗夜空，可以看到近似稀薄雲層的銀河。若用望遠鏡觀測，會發現該處聚集著無數星星。銀河中隨處可見的黑暗部分即為暗星雲。

用語集　*原恆星：剛形成稀薄的氣體殼層，還未產生核融合反應的恆星寶寶。

尋找另一顆地球！

太陽系外行星①

 渡部博士重點解說！

銀河系*有超過一千億顆恆星閃閃發光，若每顆恆星都和太陽一樣，就會形成無數太陽系，恆星四周都有許多行星環繞，其中一定也有類似地球的星球，或是有生命存在的行星。探查太陽系外行星與「另一個地球」的可能性，已成為目前天文學最大的話題之一。

生命存在的條件 ①

可擁有大氣的質量

行星擁有大氣*即可避免宇宙電磁波*、放射線或隕石*的影響，還能穩定表面溫度。若一個天體想擁有可避免大氣流失的重力（引力），至少要具備相當於火星的質量*。

生命存在的條件 ②

地震、火山等地殼變動

發生火山活動時，地球表面會出現維持氣溫必備的溫室效應氣體*、有機物與水蒸氣。不過，小行星很早就冷卻，內部不會出現地殼變動*的現象。

葛利斯 581c

類似地球的行星

目前已確認在葛利斯 581 四周存在著 6 顆行星，底圖是葛利斯 581c 的示意圖。科學家認為這顆星球的質量為地球的 5 倍，是一顆類地行星（岩石行星）。由於葛利斯 581 是顆黯淡的紅矮星*，表面溫度不高，很可能有水存在。

*銀河系：宇宙中有無數星系，包括人類存在的地球與太陽在內的星系稱為銀河系。　*大氣：包覆著地球等行星或衛星周圍的氣體。
*電磁波：光與電波的統稱。　*隕石：天體的一部分墜落至地面的殘骸。　*質量：形成物體重量的量。
用語集
*溫室效應氣體：導致氣溫上升的原因之一，包括二氧化碳、甲烷等氣體。
*地殼變動：天體內部能源改變地形的現象。　*紅矮星：處於主序階段的小恆星集團。表面溫度較低，看起來偏紅。

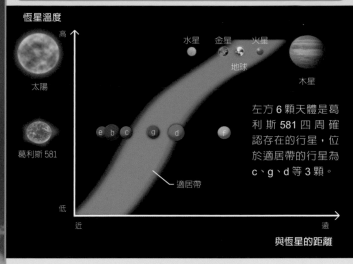

可能有生命存在的適居帶

恆星溫度

水星　金星　火星

地球

太陽

木星

葛利斯 581

適居帶

高

低

近　　　　　　　　　　　　　　　遠

與恆星的距離

左方 6 顆天體是葛利斯 581 四周確認存在的行星,位於適居帶的行星為 c、g、d 等 3 顆。

行星的表面溫度受到其與恆星距離極大影響。過於接近恆星,表面溫度太高,水分全部蒸發;距離太遠,溫度又過低。若行星大小適中、與恆星的距離恰到好處,適合液體存在,就可能有生命誕生。適合生命存在的範圍稱為「適居帶」,依恆星溫度與亮度而異。

生命存在的條件 ③

適合液態水存在的環境

液體是推動生命活動各種化學反應的重要關鍵。科學家認為行星上最豐富、可穩定存在的液體是水,由此可以推估,行星表面有液態水是生命存在的要件。

好想遇見他們喔!

不知道有沒有和我們一樣的生物?

生命來自於細菌般的生物?

現在的地球上存在著各式各樣的生物,但地球剛形成時並沒有如此豐富的生命。科學家認為在持續進化的細胞建構身體之前,最原始的生命是大約出現在 35 億年前,誕生於地球深海,類似細菌*的簡單細胞。

用語集　＊細菌:真細菌。擁有細胞膜的原核生物。

持續有新發現！

太陽系外行星②

渡部博士重點解說！

1995 年，天文學家首次發現飛馬座 51 有行星圍繞它公轉，是太陽之外首顆被證實有行星的恆星。自此之後，探查太陽系外行星開始出現飛躍性進展。陸續發現的行星與我們熟知的太陽系樣貌截然不同。隨著探查技術進步，人類也快要找到「另一顆地球」。讓我們一起探究現代天文學的最前線。

GJ1214b

超級地球

人類積極探索近似地球的行星。「超級地球」指的是太陽系外行星中，質量*達地球數倍，主成分為岩石與金屬等固態物質的行星。2009 年發現的 GJ1214b 是一顆比地球大數倍的類地行星，疑似擁有由水蒸氣組成的大氣*層，科學家認為 GJ1214b 的水分比例可能比地球多。

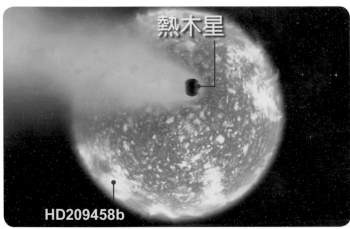

熱木星

HD209458b

這是一顆以短週期在水星軌道*內，接近恆星的地方繞行的氣態巨行星。由於近似木星、溫度又高，因此稱為「熱木星」。HD209458b 也是熱木星之一，由於溫度太高，大氣完全蒸發。

太陽系外行星的大碰撞說

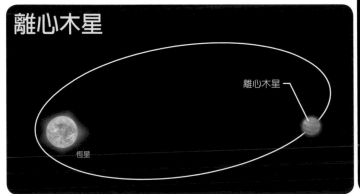

離心木星

離心木星

恆星

行星在恆星四周繞著圓形軌道公轉*。太陽系行星都是繞著幾近圓形的軌道公轉，相較之下，許多太陽系外行星的公轉軌道不夠工整。或許是因為行星誕生時嚴重打亂了軌道，才會造成這個結果。

科學家利用紅外線發現了一些氣體與岩石碎片，顯示位於 100 光年*的恆星 HD172555 周遭的岩石曾經產生蒸發現象。這是兩顆行星激烈碰撞後的結果。太陽系誕生初期不斷重複同樣的碰撞衝擊。

用語集 ＊質量：形成物體重量的量。 　＊大氣：包覆著地球等行星或衛星周圍的氣體。 　＊軌道：物體運動的路徑。
＊公轉：天體在一定週期內繞行其他天體的現象。 　＊光年：天文學使用的距離單位。1 光年指的是光往前進 1 年的距離，約 9 兆 4600 億 km。

找到太陽系外行星的方法

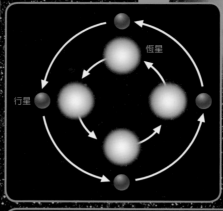

拍攝照片

確認太陽系外行星存在最精準的方法是直接拍下照片。不過，由於中間的恆星過於明亮，很難拍到清晰的照片。使用特殊裝置，消除其他星光的干擾，就能找到黯淡的小行星。

調查恆星的晃動偏移

只要善用方法，就能發現不容易拍攝的過小行星。行星運行時，位於中間的恆星也會輕微偏移。利用「都卜勒效應」分析動向，就能知道繞行的行星軌道與重量。

恆星的亮度變化

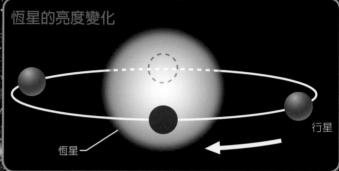

從地球上正好看到側面的行星軌道，且行星切過恆星盤面，光線就會受阻，使行星變得非常暗。除了可從亮度變化了解行星大小和詳細軌道，還能趁此機會調查大氣成分。

克卜勒太空望遠鏡

這是一座宛如探測器，跟著地球繞行太陽四周的太空望遠鏡。2009 年發射升空，擁有 1.4m 的主鏡。可觀測恆星亮度變化，藉此發現了許多太陽系外行星。

陸續發現更近似地球的行星！

科學家利用新裝置，累積足夠的觀測經驗，陸續發現許多太陽系外行星。其中最有效的方法就是觀測恆星的亮度變化。不只是熱木星，還在離恆星較遠的適居帶*，陸續發現尺寸近似地球的候選行星。

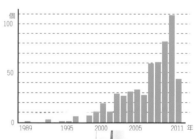

宇宙與人

● NASA 研究者想像中近似地球的行星 ●

圍繞著非太陽的恆星運行的行星，究竟有著什麼樣的世界？NASA 研究者想像出一個虛擬行星「奧里里亞」（Aurelia），無論是大小、重量與大氣組成都跟地球一模一樣。其環繞的恆星是一顆亮度只有太陽 8% 的紅矮星*，受到潮汐力*影響，永遠以同一面面對恆星。奧里里亞內如果有一處溫度環境適中的地區，可孕育出如右圖所示的生命。

奧里里亞

刺激扇（Stinger Fans）

外型近似有著巨大樹幹與葉子的植物，其實是充滿肌肉的動物。棲息在水邊，透過光合作用維持生命，可無性生殖*。

Mudpod

擁有三雙腿與適合游泳的尾巴，屬於水陸兩棲的動物。食物來源為刺激扇，維護行星環境。

*適居帶：生命可能誕生的範圍。
*紅矮星：處於主序階段的小恆星集團。表面溫度較低，看起來偏紅。　*潮汐力：潮水受到重力牽引，在天體表面漲潮退潮的現象。
*無性生殖：生殖方式之一。透過此方法，單一個體可生下另一全新個體。

第四章

銀河系·星系

The Galaxy & Galaxies

暗星雲

星系中看起來較黯淡的雲稱為暗星雲，由高濃度氣體組成，星雲中的塵埃吸收星光，使星雲看起來黯淡（請參照 P113）。

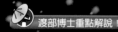 渡部博士重點解說！

在宇宙空間中，無數恆星聚集，形成星系。人類生存的太陽系所在的星系稱為「銀河系」，直到一百年前，我們一直以為我們居住的銀河系就是整個宇宙。隨著望遠鏡觀測技術的發達，我們知道宇宙中存在著數不清的星系。仔細觀察銀河系就會發現，銀河系是由恆星與星雲＊（請參照 P112）等各種天體組成。

謎樣物質

人類看不見的暗物質與至今仍未釐清的宇宙進化息息相關，科學家認為宇宙中的暗物質是可見物質的 4 倍以上（請參照 P138）。

用語集　＊星雲：由氣體與塵埃聚集的星際雲，也是恆星形成的區域。

118

星系的中心

星系中心有一個巨大黑洞*，有些黑洞的質量*達太陽的數百億倍（請參照 P128）。

剛出生的恆星

飄散在宇宙中的氣體與塵埃集結成星際分子雲，恆星就在此處誕生。當氣體密度升高，就會形成發光的原恆星，此時可觀測到原恆星盤與垂直噴射的相對論性噴流*（請參照 P103）。

球狀星團

銀河系附近可看到好幾個由 10 萬到 100 萬顆恆星集結而成的球狀星團（請參照 P111）。

宇宙與人

● 赫雪爾推定的銀河系 ●

1785 年，威廉‧赫雪爾一顆顆數著銀河裡的星星。他從恆星的視星等與距離之間的關係，推定銀河是集結成圓盤狀的恆星集團。他是第一個發現銀河圓盤（請參照 P120）與中間鼓起、具有厚度的「銀河系」形狀。

威廉‧赫雪爾
（1738 ～ 1822）

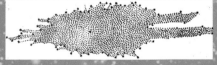

赫雪爾推定的銀河系形狀。

用語集 ＊黑洞：因具有超強重力，物質與光皆無法逃出的天體。 ＊質量：形成物體重量的量。
＊相對論性噴流：由黑洞、原恆星、電波星系等噴出的電漿等氣體。

太陽系位於何處？

銀河系的形狀

 渡部博士重點解說！

銀河系裡的星星像荷包蛋一樣分布，中心部位有一顆略微隆起的蛋黃，周遭圍繞著平坦的蛋白圓盤。這種型態的星系稱為螺旋星系。夜空裡的銀河可觀測到銀河系構造的一部分。

銀河系剖面圖

銀河圓盤
比較年輕的恆星、疏散星團*（請參照 P110）、瀰漫星雲*（請參照 P112）與暗星雲*（請參照 P113）等星際物質*集結，形成圓盤狀。

2000 光年

核球
此處有許多年齡超過數十億年的老年恆星，隆起幅度比銀河圓盤大。

銀心
科學家認為直徑 10 光年左右的銀心有一個巨大黑洞*（請參照 P126）。

1 萬 5000 光年

太陽
太陽位於離銀河系中心約 2 萬 8000 光年處。

10 萬光年

我們看不見星系的絕大部分？

目前已知銀河系除了有我們看得見的恆星、星雲*（請參照 P112），還有許多無法觀測的物質。這些物質稱為暗物質*（請參照 P138），暗物質的質量*竟高達可見物質的 4 倍以上。

銀暈
看似包覆核球與銀河圓盤部分，球狀星團*（請參照 P111）呈圓形分布的區域稱為銀暈。直徑約 15 萬光年，銀河系中最古老的恆星聚集於此。

---

*疏散星團：由數十顆到一千顆左右的星星形成，結構鬆散的星團。　*瀰漫星雲：由氣體與塵埃形成，看起來發亮的星際物質。
*暗星雲：遮蔽來自後方的光線，看起來像是在黑暗中浮沉的星雲。　*星際物質：存在於星系和恆星之間的物質總稱。
*黑洞：因具有超強重力，物質與光皆無法逃出的天體。　*星雲：由氣體與塵埃聚集的星際雲，也是恆星形成的區域。
*暗物質：環繞在星系外圍，周圍帶有重力，眼睛看不見的物質。英文稱為 Dark matter。　*質量：形成物體重量的量。
用語集　*球狀星團：10 萬到 100 萬顆星星受到重力吸引，緊密集結的圓形星團。

銀河系的樣貌

人類無法用望遠鏡觀測銀河系的整體樣貌。由於地球位於銀河系中，我們看到的銀河其實是銀河系的一部分。地球花一年時間繞行太陽一周，不同季節看到的銀河形狀都不一樣。

夏 地球 冬

夏季的銀河

每年 8 月，當太陽西下，夜晚降臨，從房子往天頂方向眺望，可看到銀河貫穿天空。位於銀河中央的人馬座有一個恆星聚集的核球，看起來極為明亮。

冬季的銀河

12 月底的夜空可看見獵戶座與大犬座等冬季星座。冬季的銀河位於銀河系外側，看起來不如夏季清晰，但還是能在獵戶座與雙子座之間觀測到銀河的存在。

手臂

棒子

從上方觀測銀河圓盤看到的銀河系樣貌

銀河系是由粗細不同的手臂（旋臂），與橫貫中間核球的棒子所構成。手臂處有許多恆星和大量氣體聚集，太陽約花 2 億年的時間繞行銀河系一周。除了中心部位之外，繞行銀河系的恆星速度幾乎維持定速。

星系手臂大塞車？

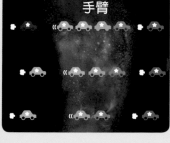

手臂

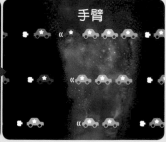

手臂

恆星和氣體並非與星系手臂結合，共同旋轉，而是各自行動。位於銀河手臂部分的恆星就像開在路上遇到塞車的車輛，車速變得緩慢，因此聚集在一起。

銀河系周遭的星系

本星系群

渡部博士重點解說！

銀河系附近有兩個大型螺旋星系*（請參照 P125），加上附屬於這 3 個星系的小型矮星系，統稱為本星系群。本星系群的各星系皆誕生於 100 多億年前。彼此重力互相影響，歷經漫長歲月不斷變換樣貌。

仙女座星系

與銀河系一樣擁有核球*、旋轉盤面和銀河圓盤（請參照 P120），大小也跟銀河系差不多。仙女座星系是離地球最近的螺旋星系，卻是地球上肉眼可見最遠的天體。

銀河系的未來

37 億 5000 萬年後

此為 37 億 5000 萬年後的夜空示意圖。仙女座星系目前的時速約 40 萬 km，以極快的速度朝人類居住的銀河系接近，預估 40 億年後撞上銀河系。碰撞之後，兩個星系會不斷重複變形與撞擊的過程，形成一個巨大的橢圓星系*（請參照 P124）。到了那個時候，我們居住的太陽系究竟會變成什麼模樣？

用語集 ＊螺旋星系：由旋轉盤面，和中間鼓起的核球所組成的星系。 ＊核球：螺旋星系中心部位常見的膨脹區域。
＊橢圓星系：從中心慢慢變暗的橢圓形是其最大特徵。

小麥哲倫星系　大麥哲倫星系

兩個麥哲倫星系

在南半球可觀測到的矮星系，分別是右邊的「大麥哲倫星系」與左邊的「小麥哲倫星系」。大麥哲倫星系的質量＊只有銀河系的 1/10，中心附近可看到棒子和漩渦構造，因此科學家推測其原本是螺旋星系，受到銀河系重力影響，逐漸變成現在的形狀。

蜘蛛星雲

位於大麥哲倫星系的蜘蛛星雲，是本星系群中恆星誕生最活躍的區域。科學家認為未來它將變成球狀星團＊。（請參照 P111。）

銀河系

銀河系四周的星系

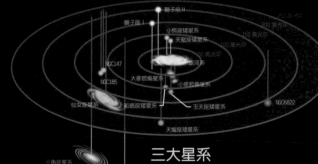

獅子座Ⅱ
獅子座Ⅰ
小熊座矮星系
天龍座矮星系
250 萬光年
200 萬光年
150 萬光年
100 萬光年
50 萬光年
NGC147
銀河系
NGC185
大麥哲倫星系
小麥哲倫星系
仙女座星系
船底座矮星系
玉夫座矮星系
NGC6822
天爐座矮星系
三角座星系
IC1613

三大星系

本星系群有 3 個大型螺旋星系，分別是銀河系、仙女座星系與三角座星系。

矮星系

矮星系指的是亮度不到銀河系的 1/10，十分黑暗的小星系，圍繞在銀河系周圍，數量龐大。科學家認為銀河系是以前許多矮星系不斷撞擊融合而成，為了釐清銀河系的進化過程，研究矮星系成為目前最受關注的課題。

矮星系受到巨大的銀河系重力影響，變形成各種形狀。插圖是圍繞銀河系四周的眾多矮星系，一邊受到拉扯一邊移動變形的示意圖。

夜空看起來好熱鬧喔！

用語集
＊質量：形成物體重量的量。
＊球狀星團：10 萬到 100 萬顆星星受到重力吸引，緊密集結的圓形星團。

123

星系種類不限於一種

各種星系

渡部博士重點解說！

宇宙存在著各式各樣的星系，不只是像銀河系的螺旋星系，還有構造不清的橢圓星系、形狀特異的不規則星系等。存在時間較長的星系已經超過 100 億年，究竟星系經過怎樣的歷程才能演化成目前的形狀？關於這一點，科學家仍有許多不解之謎。

橢圓星系

橢圓星系幾乎沒有創造新星的氣體與塵埃大量聚集的星際分子雲，因此此處有許多古老的紅色恆星，幾乎不包含年輕恆星與疏散星團*（請參照 P110）。橢圓星系的大小十分豐富，有些與銀河系相去不遠，也有位於星系團中心，體質量很大的橢圓星系。

M87（NGC4486）

直徑比銀河系略大，位於室女座的橢圓星系。從中心噴發出超過 5000 光年*的相對論性噴流*。

透鏡狀星系

與螺旋星系一樣，由銀河圓盤與核球*構成，不過沒有旋臂*。恆星形成的狀態有些很活躍，有些很平靜，是介於橢圓星系與螺旋星系之間的星系。

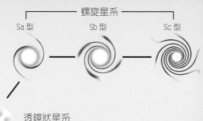

NGC5866

照片是從側面觀測星系盤面拍攝的，塵埃線條清晰可見。塵埃前端有藍色線條。科學家認為此處有許多恆星誕生。

星系分類

螺旋星系
Sa 型　Sb 型　Sc 型

橢圓星系
E0 型　E3 型　E7 型

透鏡狀星系
S0 型

棒旋星系
SBa 型　SBb 型　SBc 型

首創各種星系分類方式的天文學家愛德溫 · 哈伯*，根據自己的觀測結果製作了星系分類圖。儘管後來加以修正，但其創始的「哈伯序列」至今仍為最具代表性的星系分類法。

用語集

*疏散星團：由數十顆到一千顆左右的星體形成，結構鬆散的星團。　*光年：1 光年指的是光往前進 1 年的距離。
*相對論性噴流：由黑洞、原恆星、電波星系等噴出的電漿等氣體。　*核球：螺旋星系中心部位常見的膨脹區域。
*旋臂：螺旋星系中恆星與氣體聚集的部分。　*愛德溫 · 哈伯：具代表性的 20 世紀天文學家。

螺旋星系

由銀河圓盤與中間鼓起的核球等兩大部分構成，銀河圓盤有旋臂，含有大量氣體與塵埃，因此誕生出許多年輕的藍色恆星。另一方面，核球有許多年老的紅色恆星。此外，如照片 NGC1300 所示，銀心處可清楚看見棒子構造的星系稱為棒旋星系。

旋臂

旋臂

NGC4414
與銀河系、仙女座星系不同，看不見旋臂結構的螺旋星系。

核球

NGC1300
位於 7000 萬光年前的棒旋星系。可看到一對旋臂與橫貫核球的棒子。

宇　宙　與　人

● 天體目錄 ●

以「英文字母＋數字」的方式標註天體名稱，英文字母代表的是「目錄名稱」，從中可看出由誰以何種方式統整天體。以「M87」為例，代表這是由梅西爾製作的「梅西爾天體列表第87 號天體」。另有集結星雲、星團與星系的「星雲和星團新總表」（NGC 天體表），統整恆星的亨利・德雷伯星表（HD 星表），以及整理不規則星系的特殊星系表（Arp 星系表）。

夏爾・梅西爾
（1730 ～ 1817）

不規則星系

有時星系會產生激烈撞擊或變形等現象。不規則星系就是受此影響，形狀特異的星系。

NGC4039

NGC4038

兩個星系（NGC4038 與 NGC4039）互相撞擊，拉出如右方照片的尾巴。由於看似昆蟲觸角，因此稱之為觸鬚星系。

Arp147
不規則星系 Arp147 右邊的藍色星系，曾撞擊左邊的橢圓星系，核心因此向外拋射。

星系中心

黑洞與活躍星系

超巨大黑洞

銀河圓盤

類星體

屬於活躍星系之一。科學家認為在宇宙所有天體中，類星體是最明亮的天體之一，亮度有時比太陽高 10 兆倍。位於銀河圓盤的恆星或氣體，墜入類星體中心的黑洞*時，就會從中心噴射出相對論性噴流*。當相對論性噴流對著地球噴出，我們就會觀測到明亮的類星體。此外，大多數類星體都是在宇宙剛誕生時形成的。

相對論性噴流

用語集　＊黑洞：因具有超強重力，物質與光皆無法逃出的天體。
＊相對論性噴流：由黑洞、原恆星、電波星系等噴出的電漿等氣體。

渡部博士重點解說！

恆星與星雲*是構成星系的兩大要素，但星系中還有其他特殊物質，釋放大量能量。這些星系稱為活躍星系，會釋放出如插圖所示的細長形相對論性噴流，與範圍廣闊的強烈電波。劇烈的星系活動與位於星系中心的超巨大黑洞息息相關。科學家認為不只是活躍星系，宇宙中所有的星系中心都存在著質量*為太陽數十萬到數百億倍的超巨大黑洞。

電波星系

目前已確定釋放出強烈電波的星系幾乎都是橢圓星系*（請參照 P124）。科學家觀測許多星系，包括在地球附近與遙遠的星系。照片中呈紫色的區域是電波星系半人馬座 A 發出的強烈電波。

西佛星系

螺旋星系*與不規則星系*中，有一種星系帶有極度明亮的星系核，那就是以發現者名字命名的「西佛星系」。照片中的粉紅色區域是從星系（圓規座星系）中心往外釋放的高溫氣體。

星系中心有黑洞呢！

相對論性噴流是劇烈活動的證明。

*星雲：由氣體與塵埃聚集的星際雲，也是恆星形成的區域。　*質量：形成物體重量的量。
*橢圓星系：星系分類之一。從中心慢慢變暗的橢圓形是其最大特徵。
*螺旋星系：星系分類之一。帶有漩渦形手臂是其最大特徵。　*不規則星系：星系分類之一。形狀與恆星分布皆不規則是其最大特徵。

用語集

黑洞為什麼變巨大？

黑洞合併

超巨大黑洞

插圖是在電波星系*3C66B 中心合併的兩個大質量黑洞*。這是根據實際觀測的數據繪製，顯示過去可能有兩個位於不同星系的黑洞互相撞擊。

用語集　＊電波星系：發出強烈電波的活躍星系。　＊黑洞：因具有超強重力，物質與光皆無法逃出的天體。

巨大的黑洞存在於星系中心，科學家認為這是兩個黑洞合併後形成的大黑洞。目前已確定許多星系都有巨大的黑洞，其質量*達太陽的數十萬到數百億倍。各星系之所以能維持本身大小和形狀，與超巨大黑洞的存在息息相關。

巨大化的機制

兩個星系互相撞擊形成星團，從中誕生無數恆星。密度變高的星團中心會形成中型黑洞。科學家認為這些黑洞受到銀河中心吸引，不斷重複合併的過程，最後演化出巨大的黑洞。

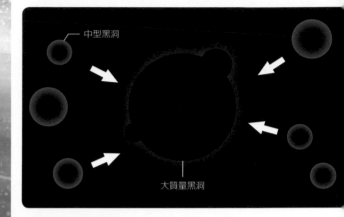

中型黑洞

大質量黑洞

觀測方式

噴發相對論性噴流的黑洞

科學家觀測到物質在被吸入黑洞前釋放出的 X 射線*、伽瑪射線*等相對論性噴流*。

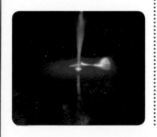

銀河系中心的黑洞

多顆恆星的前進方向受到黑洞的重力影響改變，從這一點可測量其位置與質量。

黑洞

3C66B

紅色區域是中央的兩個天體釋出的電波，這兩個天體就是質量為太陽 100 億倍的黑洞。透過觀測可以發現這兩個黑洞繞著彼此運行，慢慢接近，未來將互相撞擊。

被黑洞吸入會有什麼後果？

假設太空船被吸入黑洞之中，由於太空船的前端與後方承受的重力大小不同，因此太空船在朝黑洞中心前進的過程中，機艙逐漸被拉長，最後四分五裂。

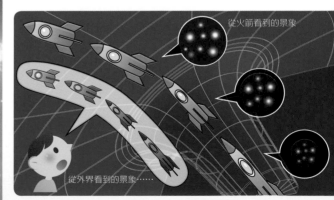

從火箭看到的景象

從外界看到的景象……

*質量：形成物體重量的量。
* X 射線：照 X 光片時使用的放射線之一。
*伽瑪射線：能量通常比 X 射線高的放射線。
*相對論性噴流：由黑洞、原恆星、電波星系等噴出的電漿等氣體。

星系聚合的集團

星系團

 渡部博士重點解說！

一個星系中含有數千億顆星星，這樣的星系在整個宇宙超過一千億個。兩個星系互相吸引，再建構出星系團、超星系團等大尺度結構。由於這個緣故，星系的分布代表宇宙範圍。在此為各位介紹超越銀河系，延伸至遙遠天際的宇宙。

阿貝爾 1689 星系團

距離地球約 22 億光年，擁有數千個星系的巨大星系團。照片中的閃光處絕大部分是星系。

室女座星系團

距離銀河系 6000 萬光年的地方，有一處聚集著數千個星系的星系團，名為「室女座星系團」。星系團指的是眾多星系受到彼此重力吸引，形成一個大集團。宇宙各處都有類似的星系團。

星系的進化

在上方的阿貝爾 1689 星系團中，螺旋星系*位於何處？在明亮星系團的中心附近存在著許多橘色的橢圓星系*，往外可看見偏藍的螺旋星系。科學家由此推測，螺旋星系在往星系團中心前進的過程中，不斷重複撞擊與合併，最後在星系團中心形成一個巨大的橢圓星系。

撞擊與合併

橢圓星系

兩個螺旋星系

星系團的集合「超星系團」

「超星系團」指的是星系群與星系團集結，範圍達數億光年的大集團。超星系團相互連結，在宇宙中組成更大結構，其中存在著不包含星系的空洞，英文稱為「void」。

空洞

星系的分布

這是以電腦重現從地球上看見的星系分布示意圖。每個小點都是一個星系，比較黑的那一邊是銀河系的天體鋪成的銀河，因此無法觀測到那一邊的星系。

沒想到有這麼多星系聚集在這裡！

地球在哪裡呢？

重力透鏡效應

仔細觀察左上方阿貝爾 1689 星系團的照片，會發現幾條半圓形光線。事實上，從天體發出的光如果通過星系等大質量＊天體旁，就會受到重力牽引，前進方向產生彎曲現象。由於看起來像是通過透鏡一樣，因此稱為「重力透鏡效應」。從右圖可以看到粉紅色光線在經過天體旁時產生彎曲，接著才到達地球。

愛因斯坦環

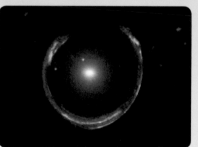

如上方照片所示，受到重力透鏡效應影響，位於後方的星系看起來像是一個圓形的環。這類光彎曲現象是由愛因斯坦的相對論＊提出，由於這個緣故，外界將此現象稱為「愛因斯坦環」。

阿爾伯特・愛因斯坦
（1879 ～ 1995）

不只提出相對論，也對宇宙研究做出極大貢獻，20 世紀最具代表性的物理學家之一。

用語集　＊螺旋星系：由旋轉盤面，和中間鼓起的核球所組成的星系。　＊橢圓星系：從中心慢慢變暗的橢圓形是其最大特徵。
＊質量：形成物體重引的量。　＊相對論：由阿爾伯特・愛因斯坦建立的物理學理論。

令人震撼的規模

宇宙的一切

渡部博士重點解說！

離地球最近的恆星是太陽，在此畫出從太陽到最遠的「宇宙微波背景*」（請參照 P137）呈現出的世界。以太陽系為起點的距離單位為光年*，愈遠的地方代表我們看到的情景愈古老。舉例來說，仙女座星系距離我們約 230 萬光年，來自仙女座星系的光要花 230 萬光年才能到達地球，亦即我們現在看到的是 230 萬光年前的光。請與我一起綜觀宇宙的一切，為這章畫下完美句點。

蟹狀星雲
7200 光年

獵戶座大星雲
P112
1500 光年

昴宿星團
（P111）
410 光年

織女一
25 光年

歐特雲
（P73）
1 光年

太陽系

南門二
4.3 光年

河鼓二
17 光年

天津四
1400 光年

1 光年

天狼星
8.7 光年

北河二
51 光年

銀河系內側

太陽系前方可看到我們在夜空中細數的無數恆星與星雲*（請參照 P112）。科學家從這些天體釐清星球的一生。

10 光年

葛利斯 581
20.4 光年

環狀星雲
P105
2600 光年

參宿四
（P98）
640 光年

100 光年

天鵝座 X-1
6100 光年

銀河系

目前找到最遠的星系

這張照片擷取哈伯太空望遠鏡拍到的哈伯深領域（請參照 P79）中心部位，經過處理後讓畫面更鮮明。其科學家從中找到了比所有已知星系更遠，位於 132 億光年前的星系。愈遠的天體，呈現出來的色調愈紅。這是因為宇宙膨脹（請參照 P141）的關係，愈遠的天體會以愈快的速度遠離地球，從該天體發出的光拉得較長，所以看起來偏紅。此「紅移」現象讓星系看起來偏紅。

1000 光年

1 萬光年

10 萬光

 用語集

*宇宙微波背景：來自宇宙四面八方，強度相同的電波。　*光年：1 光年指的是光往前進 1 年的距離。
*星雲：由氣體與塵埃聚集的星際雲，也是恆星形成的區域。

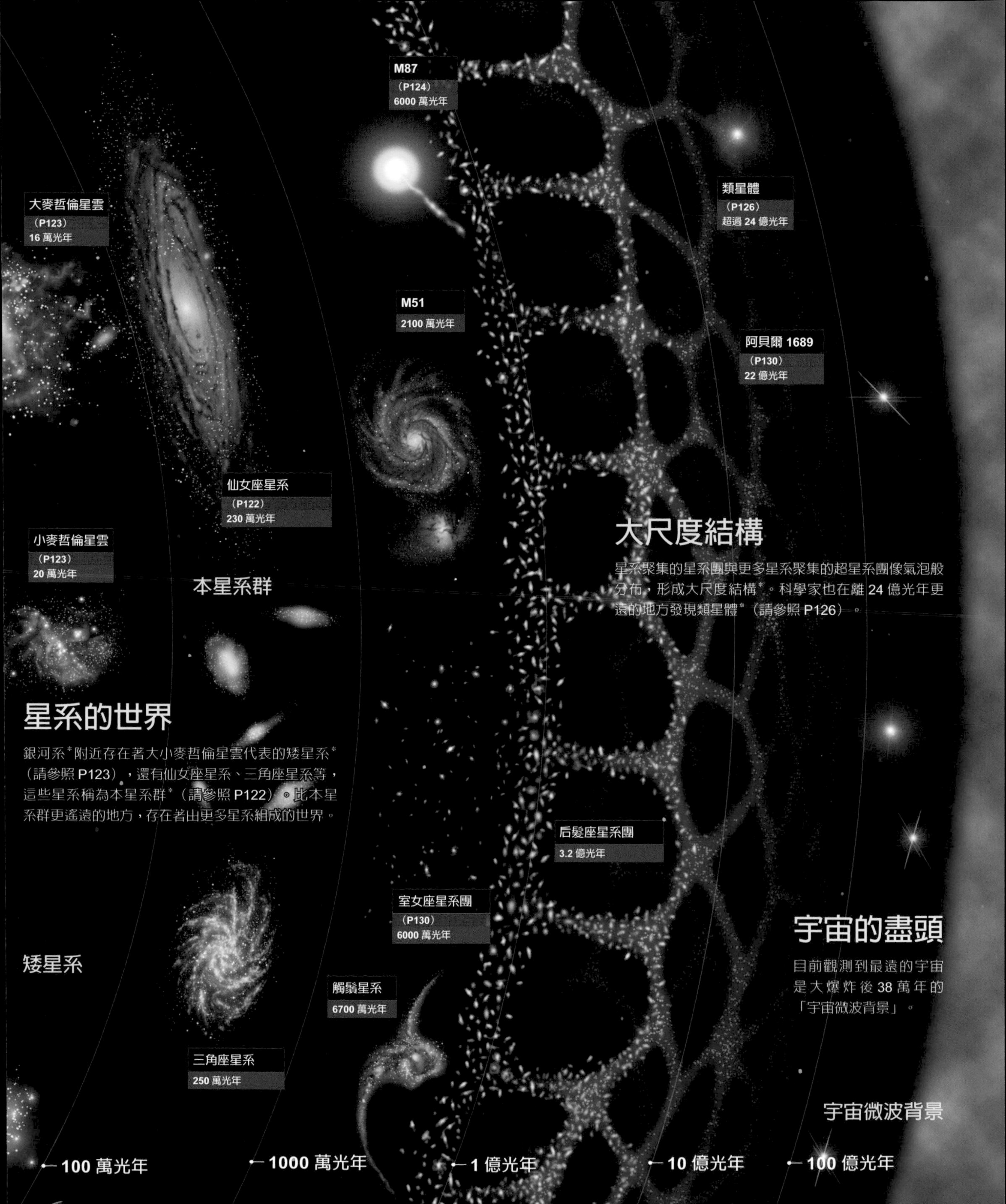

M87
(P124)
6000 萬光年
類星體
(P126)
超過 24 億光年
大麥哲倫星雲
(P123)
16 萬光年
M51
2100 萬光年
阿貝爾 1689
(P130)
22 億光年
仙女座星系
(P122)
230 萬光年
小麥哲倫星雲
(P123)
20 萬光年
本星系群
后髮座星系團
3.2 億光年
室女座星系團
(P130)
6000 萬光年
矮星系
觸鬚星系
6700 萬光年
三角座星系
250 萬光年
宇宙微波背景
100 萬光年
1000 萬光年
1 億光年
10 億光年
100 億光年

大尺度結構

星系聚集的星系團與更多星系聚集的超星系團像氣泡般分布，形成大尺度結構*。科學家也在離 24 億光年更遠的地方發現類星體*（請參照 P126）。

星系的世界

銀河系*附近存在著大小麥哲倫星雲代表的矮星系*（請參照 P123），還有仙女座星系、三角座星系等，這些星系稱為本星系群*（請參照 P122）。比本星系群更遙遠的地方，存在者出更多星系組成的世界。

宇宙的盡頭

目前觀測到最遠的宇宙是大爆炸後 38 萬年的「宇宙微波背景」。

用語集 ＊大尺度結構：星系如巨大氣泡分布在宇宙的結構。 ＊類星體：中心有黑洞，宇宙中最亮的天體之一。 ＊銀河系：宇宙中有無數星系，包括人類存在的地球與太陽在內的星系稱為銀河系。 ＊矮星系：體積不到一般星系百分之一的星系。 ＊本星系群：分布於銀河系附近，由 50 個左右的星系組成的集團。

第五章
宇宙學
Cosmology

最古老的光

愈遠的天體發出的光，必須花更多時間才能到達地球。換句話說，我們能觀測到遙遠天體過去的樣貌。話說回來，我們究竟能看到多遠的宇宙？現在我們能看到最遠、最古老的宇宙是下圖的綠色部分。這是最古老的光遺留下的熱輻射，我們稱為「宇宙微波背景」。

宇宙初始

137 億年前，真空*中的能量使極微小的宇宙，以超越光速的速度急速膨脹。形成宇宙初始的瞬間。初期的宇宙受到龐大能量影響，讓宇宙像超高溫火球般愈來愈熱。在膨脹過程中，溫度慢慢降低，創造基本粒子*，建構人類世界的物質就此誕生。

渡部博士重點解說！

人類生存的地球不過是偏安在廣闊宇宙一角的行星，由眾多星系交織而成，數不清的恆星閃耀的宇宙，究竟是何時以什麼方式誕生的？科學家觀測來自遙遠外太空的昔日宇宙的樣貌，解開時空方程式，企圖以此方式了解宇宙的初始。讓我們一起解讀充滿謎團的宇宙歷史。

宇宙的黑暗時代

剛出生的宇宙十分炎熱，充滿電漿*，隨後開始膨脹，逐漸降溫，邁入無光的黑暗時代。數億年之後，首個天體（第一顆恆星）誕生，發出強光再次溫暖宇宙。

用語集　*真空：完全沒有物質的狀態。　*基本粒子：構成物質的最小單位。　*電漿：含有帶電荷粒子的氣體。

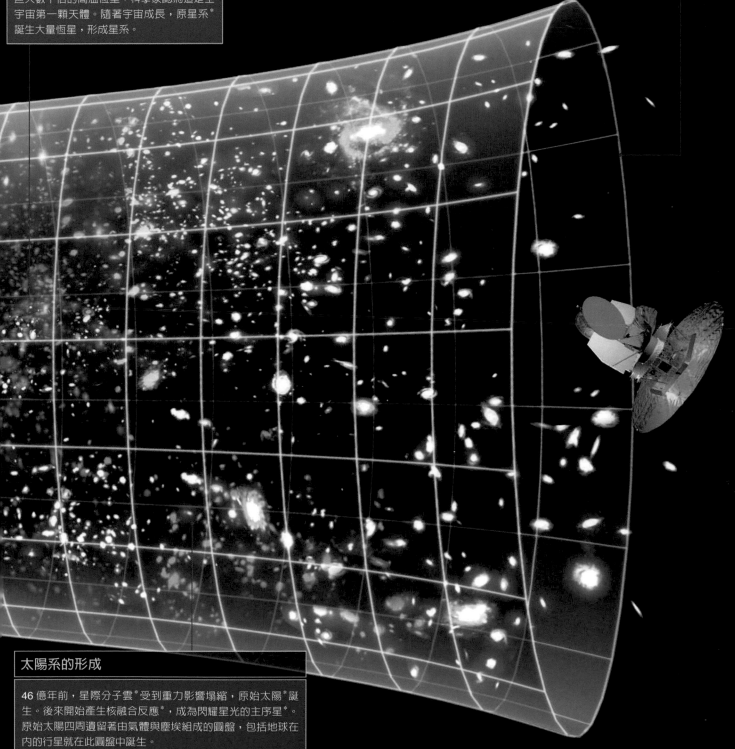

從恆星到星系

宇宙誕生數億年後，氫氣雲中誕生了比太陽巨大數十倍的高溫恆星，科學家認為這是全宇宙第一顆天體。隨著宇宙成長，原星系*誕生大量恆星，形成星系。

現在的宇宙

與天體之間的距離愈遠，光傳到地球的時間愈長。由於這個緣故，我們無法觀測到現時宇宙的樣貌。我們看到的宇宙微波背景範圍（插圖中的綠色部分），正以超過光速的速度膨脹，預測它已擴及到距離 470 億光年的地方。

太陽系的形成

46 億年前，星際分子雲*受到重力影響塌縮，原始太陽*誕生。後來開始產生核融合反應*，成為閃耀星光的主序星*。原始太陽四周遺留著由氣體與塵埃組成的圓盤，包括地球在內的行星就在此圓盤中誕生。

＊原星系：在氣體雲中逐漸形成的初期星系。　＊星際分子雲：位於星體與星體之間的低溫高密度氣體雲。此處是恆星的出生地。

用語集　＊原始太陽：尚未出現核融合反應的太陽。　＊核融合反應：兩個原子核融合，產生新原子核的反應。

＊主序星：成長過程中最常見的恆星。太陽也處於此階段。

從「無」開始

 渡部博士重點解說！

人類存在的宇宙誕生於 137 億年前。廣闊無垠的現時宇宙如何在幾乎看不見的小小世界中誕生？人類正積極解開難以想像的宇宙創世之謎。宇宙最初究竟有什麼？相信各位一定很難想像，宇宙最初「什麼也沒有」。不只沒有現在所有的物質，也不存在時間與空間。在「無」的狀態下，從能量漲落中誕生的小小宇宙逐漸消失，其中之一成為我們現在居住的宇宙。

剛開始什麼都沒有！

誰能想到現在變成一個很大的宇宙！

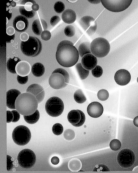

以壓倒性的速度拓展空間
宇宙暴脹

從一個小點開始的宇宙，在誕生後 10 的負 34 次方秒時，發生了一個超光速的加速度膨脹。此激烈的膨脹稱為「宇宙暴脹」。

超高溫的火球宇宙
大爆炸

直到現在，宇宙仍持續膨脹。回溯過去，剛誕生的宇宙比現在小許多，所有物質與能量聚集，形成一個超高溫、超高密度的世界。原子在那個世界中仍未成形，基本粒子*交錯亂飛，整個宇宙宛如一顆火球。這就是大爆炸。

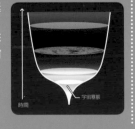

基本粒子誕生

超過 100 種基本粒子誕生。基本粒子十分活躍，充滿整個宇宙。

用語集 ＊基本粒子：構成物質的最小單位。

來自宇宙盡頭的光
宇宙微波背景

在初期宇宙中，光的溫度很高，與活動劇烈的電子互相碰撞，看不見任何光。在宇宙誕生 38 萬年後，原子核與電子結合成原子，光線終於可以穿透。此現象稱為「宇宙放晴」。這段時期釋放出的光是宇宙中最古老、可以觀測的光，也就是宇宙微波背景。

在氣體中閃耀的宇宙第一顆星
第一顆恆星

宇宙中的第一顆恆星在何時誕生？這個問題的答案至今仍未釐清。宇宙誕生的 38 萬年後，有一段時間宇宙裡一顆星星都沒有，處於黑暗時代。經過數億年後，在巨大的氣體雲中誕生第一顆恆星（第一代天體），質量比太陽大 40 倍，推估是一顆溫度極高，亮度極亮的巨大恆星。右方插圖中閃耀著橘色亮光的恆星是第一顆恆星，此為它的示意圖。

宇宙微波背景的溫度呈現跟落現象。藍色是宇宙溫度較低的區域；紅色顯示溫度較高的部分。

WMAP

NASA 為了正確測量宇宙電波發射的無線電天文衛星。

發現火球宇宙遺跡的
彭齊亞斯與威爾遜

左頁介紹的「大爆炸理論」創造了宇宙，一開始沒人接受這樣的說法。直到美國貝爾實驗室的彭齊亞斯與威爾遜，發現來自宇宙四面八方的微弱電波，此為宇宙微波背景。這是大爆炸理論預測的「火球宇宙」的遺跡。由於大爆炸理論中對於宇宙創始的說法一直沒有獲得廣大支持，因此這項發現成為最好的鐵證。

照片右邊：阿諾·彭齊亞斯（1933～）
照片左邊：羅伯特·威爾遜（1936～）

宇宙的歷史②

宇宙進化與暗物質

從完全沒有物質存在的「無」狀態中誕生的宇宙，經歷了 137 億年歷史，持續創造恆星與星系，演化出我們現在居住的宇宙。看不見的「暗物質」產生的重力，和導致宇宙膨脹的「暗能量*」（請參照 P140）彼此作用，建構出星系形狀和大尺度結構*（請參照 P133）。

這是誕生 2 億年後的宇宙，有充滿暗物質與其他物質，密度高的地方；也有密度低的地方，此現象稱為「漲落」。漲落會逐漸成長，第一顆恆星*（請參照 P137）也是在此時發光。

宇宙逐漸進化！

這 4 張是利用電腦模擬暗物質如何從宇宙初始便存在，並如何影響宇宙進化的過程。人類看不見暗物質，此處以顏色深淺顯示暗物質的密度。

這是誕生 10 億年後的宇宙。科學家認為顏色愈亮的地方，暗物質密度愈高；暗物質濃度愈高的地方，恆星數量與氣體含量也愈高。從這個時期開始，小星系重複撞擊與合併過程，逐漸變大。

充滿謎團的物質

光靠恆星與氣體重力無法充分說明銀河系的活動，光靠星系的質量*也無法產生作用在所有星系團*（請參照 P130）的重力。由於這個緣故，科學家認為星系中圍繞著眼睛看不見，具有質量的某些物質。此物質稱為「暗物質」。根據預測，宇宙中的暗物質是可見物質的 4 倍以上。

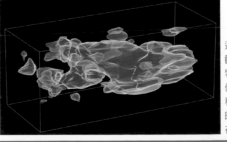

這是根據星系團的觀測數據模擬的暗物質分布狀況（看似冰塊的部分）。科學家認為這就是暗物質在宇宙中存在的狀態。

---

*暗能量：充溢宇宙空間，具有增加宇宙膨脹速度的作用。
*大尺度結構：星系如巨大氣泡分布在宇宙的結構。　*第一顆恆星：宇宙中第一顆誕生的星星。
*質量：形成物體重量的量。　*星系團：由數百個到數千個星系組成的集團。

兩種暗物質

現時宇宙的構造是由無數恆星和星系組成。宇宙剛形成時，帶有質量的物質與暗物質是冷是熱，使得宇宙進化的型態完全不同。

現時宇宙是哪一個？

科學家利用電腦模擬進行各種研究，想了解大尺度結構究竟如何形成。當冷物質居多，會得到類似星系集結成星系團，近似大尺度結構的結果。目前科學家尚未釐清暗物質的真實樣貌，但基本上暗物質大多是溫度低、重量重的基本粒子。

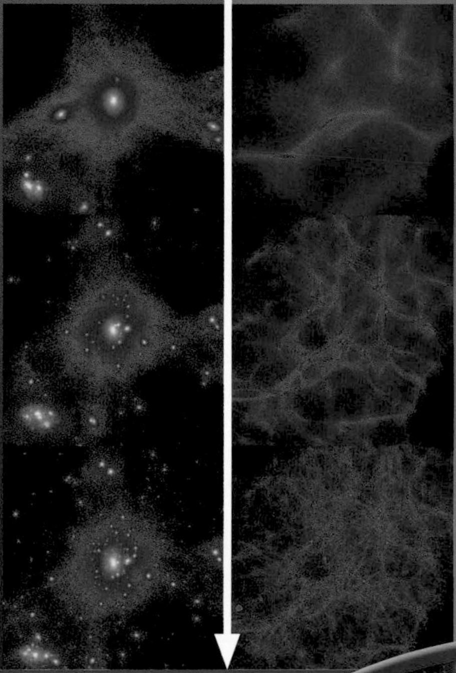

熱暗物質創造的宇宙

若要穩定類似微中子*、輕盈又活躍的基本粒子*「熱暗物質」，必須具備強烈重力，因此科學家認為熱暗物質無法創造出如星系團的大尺度結構。

冷暗物質創造的宇宙

另一方面，「冷暗物質」是重量較重，運動速度較慢的基本粒子。容易因重力聚集，可建構出類似星系的較小結構。

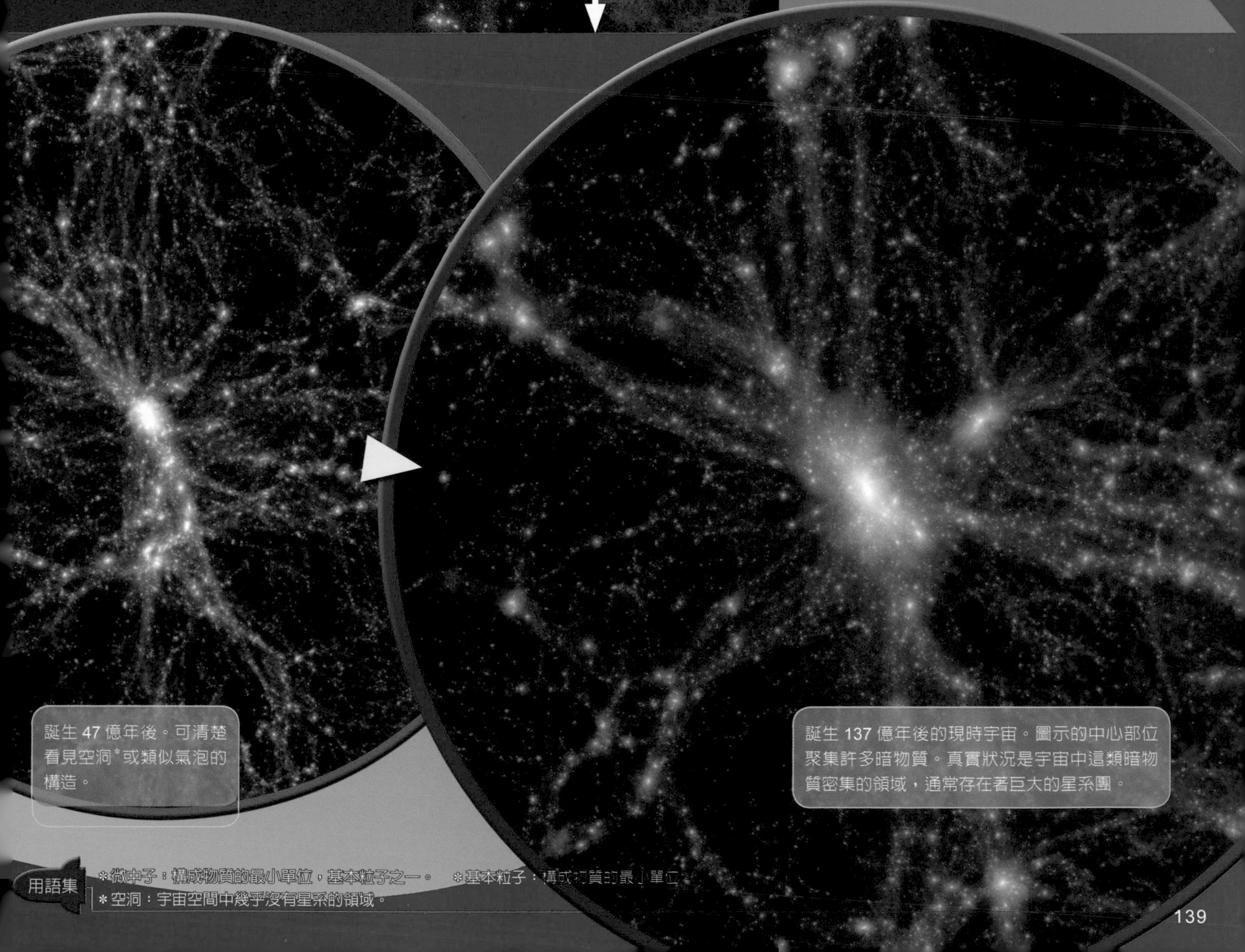

誕生 47 億年後。可清楚看見空洞*或類似氣泡的構造。

誕生 137 億年後的現時宇宙。圖示的中心部位聚集許多暗物質。真實狀況是宇宙中這類暗物質密集的領域，通常存在著巨大的星系團。

用語集 *微中子：構成物質的最小單位，基本粒子之一。 *基本粒子：構成物質的最小單位。
*空洞：宇宙空間中幾乎沒有星系的領域。

宇宙的歷史③

暗能量和宇宙的未來

宇宙的未來將會如何？

科學家已經證實現時宇宙正在加速膨脹，問題在於未來宇宙是否還會繼續膨脹？關於這一點目前仍無法得知詳情。不過，宇宙擁有可提升宇宙膨脹速度的「暗能量*」，其作用與重力相反，我們可以由此思考宇宙的未來樣貌。接著為各位介紹三種可能的宇宙未來。

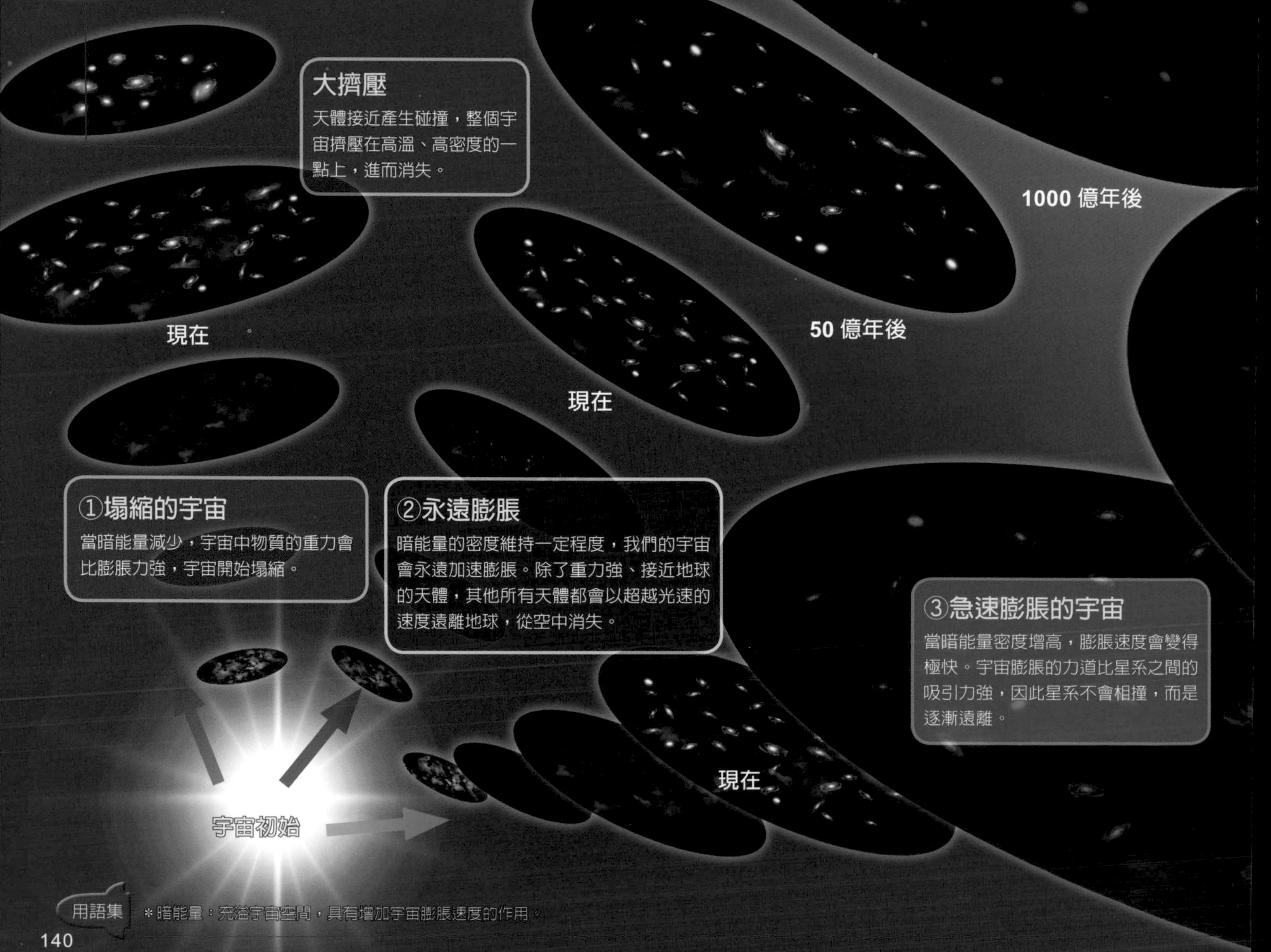

大擠壓
天體接近產生碰撞，整個宇宙擠壓在高溫、高密度的一點上，進而消失。

1000 億年後

50 億年後

現在

現在

①塌縮的宇宙
當暗能量減少，宇宙中物質的重力會比膨脹力強，宇宙開始塌縮。

②永遠膨脹
暗能量的密度維持一定程度，我們的宇宙會永遠加速膨脹。除了重力強、接近地球的天體，其他所有天體都會以超越光速的速度遠離地球，從空中消失。

③急速膨脹的宇宙
當暗能量密度增高，膨脹速度會變得極快。宇宙膨脹的力道比星系之間的吸引力強，因此星系不會相撞，而是逐漸遠離。

現在

宇宙初始

用語集 *暗能量：充滿宇宙空間，具有增加宇宙膨脹速度的作用。

10^{100} 年後

科學家累積過去的觀測數據和理論，逐漸揭開宇宙歷史之謎。接下來宇宙將如何進化？宇宙會塌縮或持續膨脹？這個問題的關鍵在於充溢宇宙空間，看不見的暗物質*，以及促使宇宙膨脹的暗能量。作用於宇宙的重力和能量平衡，完全改變宇宙的命運。

恆星形成停止

恆星的原料氫與氦在恆星內部引發核融合反應*，逐漸消耗殆盡，之後無法產生新的恆星。科學家認為要花 100 兆年的時間才會走到這一步。

100 兆年後

大凍結

量子力學*認為，沒有物質的地方很可能突然產生粒子與反粒子*。當其中一方落入黑洞*，剩下的粒子就會噴離（蒸發）。就這樣經過 10^{100} 年（1 的後面有 100 個 0），度過極為漫長的時間後，等黑洞完全蒸發，就會留下空間與基本粒子*在宇宙裡。此為大凍結。

黑洞

大黑洞的蒸發速度較慢。　隨著黑洞變小，蒸發快速進行。　最後消失不見。

大撕裂

受到異常膨脹影響，從星系到人類等微小物質，所有物質都會被撕裂至基本粒子等級，只有空間會不斷擴散。

持續遭到撕裂的星系。

宇宙與人

●外太空有許多宇宙？●

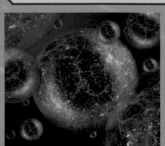

科學家目前還不知道宇宙如何開始，但如果能在「無」之中漲落，從中誕生出現時宇宙，應該不會只有一個宇宙。除了我們居住的宇宙之外，很可能還存在著好幾個宇宙。此學說稱為「多重宇宙論」。

可見宇宙僅 4%？

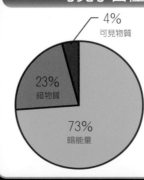

4%
可見物質

23%
暗物質

73%
暗能量

科學家從宇宙微波背景*微弱的漲落，詳細測量宇宙物質的量。目前已知氫與氦等物質只占宇宙整體的 4%，剩下的 23%為暗物質，73%為暗能量。簡單來說，我們看不見 96%位於宇宙裡的物質。

*核融合反應：兩個原子核融合，產生新原子核的反應。　*暗物質：環繞在星系外圍，周圍帶有重力，眼睛看不見的物質。　*量子力學：物理學理論。
*反粒子：性質與某粒子相反的粒子。　*黑洞：因具有超強重力，物質與光皆無法逃出的天體。　*基本粒子：構成物質的最小單位。
*宇宙微波背景：來自宇宙四面八方，強度相同的電波。

用語集

第六章
太空探索
Space Development

人類首次飛上外太空是在距今 50 多年前，也就是 1961 年。當時蘇聯（現在的俄羅斯）的尤里・加加林只繞行地球一周。自此人類不斷探索宇宙，如今已在軌道上建設巨型 ISS（國際太空站）。許多國家共同參與國際太空站計畫，大家攜手合作，展開宇宙生活的全新世界。

② 機械手臂

哥倫布實驗艙
歐洲各國為了進行科學實驗建造的模組。

③ 對接艙

太空機器人 Robonaut 2 號
NASA 送進國際太空站的太空機器人。未來外太空將會有更多機器人發揮功效，Robonaut 2 號是為了達成此目標而做的基礎實驗。

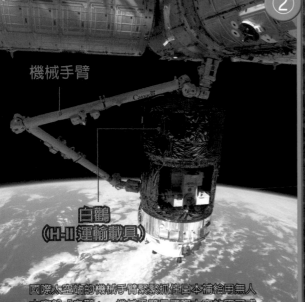

②

機械手臂

白鶴
（H-II 運輸載具）

國際太空站的機械手臂緊緊抓住日本補給用無人太空艙「白鶴」。機械手臂是國際太空站不可或缺的裝置，也是太空人在艙外活動時的重要幫手。

ISS （國際太空站）

國際太空站是建設在約 400km 高度的巨型建築物，大小相當於一座足球場。裡面有美國、俄羅斯、日本、歐洲各國建造的模組（房間），太空人在此生活，從事各種工作。國際太空站每 90 分鐘繞行地球一週。

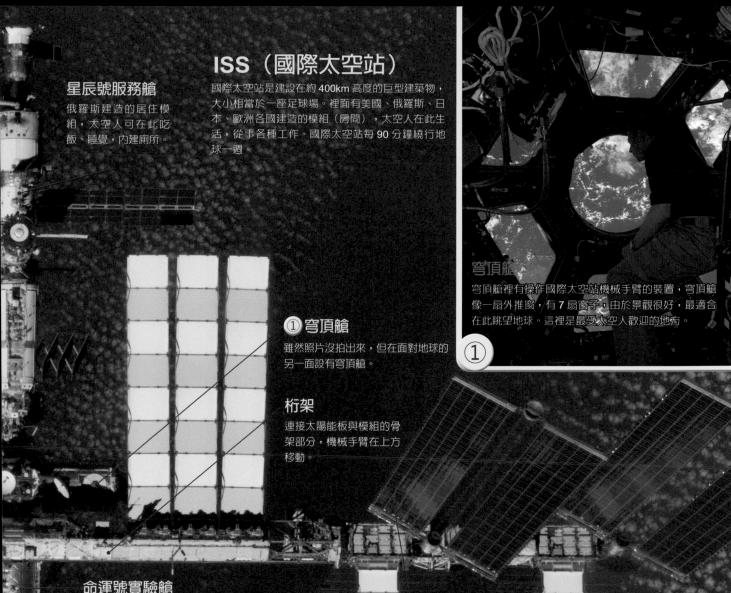

星辰號服務艙

俄羅斯建造的居住模組，太空人可在此吃飯、睡覺，內建廁所。

① 穹頂艙

雖然照片沒拍出來，但在面對地球的另一面設有穹頂艙。

桁架

連接太陽能板與模組的骨架部分，機械手臂在上方移動。

命運號實驗艙

美國用來進行科學實驗的模組。

④ 希望號實驗艙

太陽能板

利用太陽能發電，供應國際太空站足夠電力的裝置。

散熱板

將國際太空站內部的熱氣擴散至外太空，讓太空人感覺舒適的板子。

穹頂艙

穹頂艙裡有操作國際太空站機械手臂的裝置，穹頂艙像一扇外推窗，有 7 扇窗子，由於景觀很好，最適合在此眺望地球。這裡是最受太空人歡迎的地方。

①

③

對接艙

對接艙是搬運國際太空站物資的出入口，也是太空人進出的地方。照片中對接的是俄羅斯的聯盟號宇宙飛船（前方），負責接送太空人；後方是搬運貨物用的進步號太空船。

進步號太空船

聯盟號
宇宙飛船

④

希望號實驗艙

「希望號實驗艙」是日本製造的模組，也是所有國際太空站實驗艙中最大的，在此進行各種科學實驗。設置在「希望號」中的實驗裝置包括水槽，可長期飼養青鱂。

飛得比天空更高的人

太空人

 渡部博士重點解說！

目前國際太空站隨時保持 6 名太空人留守的狀態，太空人一直是眾人欽羨的職業之一，他們待在外太空的期間，每天都很忙碌。不只要按照計畫完成科學實驗、醫學實驗、觀測地球，還要保養維修國際太空站的各種裝置，維持環境整潔。必要時還得從事艙外活動。為了達成目標，太空人必須在陸地接受嚴格訓練，才能到國際太空站述職。在國際太空站待半年後，與下一組太空人交接。

太空服組合套裝

從事艙外活動穿著的太空衣中，去除生命維持裝置的部分稱為太空服組合套裝（SSA）。總共有 14 層布料，保護太空人可在真空、極端高溫與低溫環境中工作。

燈具

國際太空站每 45 分鐘進入黑夜狀態，太空人從事艙外活動時一定要利用燈具照明。目前使用 LED 燈。

艙外活動與太空衣

從事艙外活動的太空人。

人類進入外太空工作時一定要穿太空衣（艙外活動裝備），外太空是一個完全沒有空氣的真空世界。太陽照射時溫度可達 100℃ 以上，太陽照射不到的地方溫度又可能低於 -100℃。太空衣添加許多裝備，確保人類可以在極度嚴酷的太空環境中工作。

生命維持裝置

搭載太空人呼吸時必備的氧氣筒，排出呼氣時產生的二氧化碳等各種裝置。

手套

經過特殊設計，方便太空人活動手指，完成精細作業。以矽膠材質製成，指尖可以感應力道大小。

宇　宙　與　人

● 如何才能成為太空人？ ●

返回地球的日本籍太空人古川聰。

想成為太空人必須通過嚴格的遴選考試。不只是攻讀與外太空有關的學問，各種不同的專業人士都能成為太空人。成為太空人最必要的條件是具備強烈企圖心，好好鑽研自己的學識專業（不限領域），並將自己的研究成果運用在外太空上。

太空人

在外太空的生活

太空人在國際太空站過著一天24小時的規律生活。每天工作約8小時，基本上週六與週日休息。由於國際太空站為無重力*狀態，水滴會像右方照片一樣呈球狀，漂浮在空間中。若想在國際太空站做一些與陸地上相同的事情，必須多花點巧思才能完成。

太空頭盔

頭盔前方是透明塑膠製成，加上施以金塗層加工的面罩，緩和強烈的太陽光。

飲水袋

長時間從事艙外活動時，補充水分也很重要。飲水袋裡裝著621ml的飲用水。

肌力訓練

肌肉與骨骼會在無重力狀態下逐漸衰退，為了維持健康的肌肉和骨骼，太空人每天做2小時肌力訓練。

飲食

這是太空食品「日之丸便當」。在太空生活時，所有食物都要做成固態，放入塑膠容器，而且一定要固定容器，才能避免食物在空中飄浮。

睡眠

國際太空站有許多小房間，太空人在裡面睡覺。有些太空人為了避免漂浮在半空中，睡覺時會固定自己的身體。

剪頭髮

在外太空剪頭髮，細碎的髮絲會四處飄散，若不小心堵住機器設備，很可能引發嚴重問題。為此，在外太空必須使用搭載吸塵器的剪髮器剪頭髮。

太空人的訓練

太空人必須接受各種訓練才能進駐國際太空站，在此介紹幾種他們接受的訓練。不僅如此，他們還要接受野外的生存訓練，學習和宇宙有關的科學與技術。

適應無重力狀態

在陸地上很難營造無重力狀態。在飛機上升時關掉引擎，即可維持約25秒的無重力狀態。太空人利用這個方式訓練自己習慣無重力環境。

適應艙外活動

利用巨型游泳池進行艙外活動訓練。太空人穿上太空衣後的重量，若與游泳池的浮力達成平衡，就能營造幾近無重力狀態的環境。

適應密閉空間

NASA利用海底環境模擬太空人在國際太空站遇到的狀況，進行各種訓練，稱NEEMO（極端環境任務行動）。NASA在海面下約20m處設海底基地「寶瓶宮」（Aquarius），讓小組團隊住在裡面2週左右，提升在國際太空站工作的必備能力。

強烈氣勢一飛衝天！

各國火箭一覽

渡部博士重點解說！

火箭是將太空人、探測器和各種物資送上外太空的必要工具，火箭的引擎燃燒燃料，發揮驚人威力。飛機引擎利用空氣中的氧氣燃燒汽油，但宇宙沒有空氣，火箭除了燃料之外，還要帶著氧氣一起升空。火箭本體幾乎是由燃料槽與氧氣槽組成。世界各國不斷開發最新式火箭，人類前往外太空的冒險也可說是高性能火箭的開發史。

各國火箭一覽

為了探索宇宙，世界各國爭相開發新式火箭。有些火箭已完成歷史使命，有些火箭如今仍持續進化中。

載送第七批國際太空站遠征隊（遠征7）的聯盟號運載火箭，從哈薩克的拜科努爾太空發射場發射升空。剛開始火箭緩緩離開發射台，逐漸加快速度，猛力升空。

農神 5 號
1967 ～ 1972 年

高度：111m
重量：3039t

聯盟 -FG
2001 年～

高度：43 ～ 50m
重量：305t

發射俄羅斯聯盟號宇宙飛船的火箭。基本上與載送尤里・加加林的火箭一樣，但經過逐步改良，現在升級為聯盟 -FG 運載火箭。

美國為了阿波羅計畫開發的巨型火箭。前端裝載阿波羅太空船與登月小艇，這座火箭總共帶了 12 名太空人在月球漫步。

質子　1965 年～

高度：66m　重量：746t

這是俄羅斯為了酬載重物開發的大型火箭，儘管歷史悠久，至今仍在使用。曾經協助建造國際太空站。

長征二號　1974 年～

高度：62m　重量：464t

長征二號是中國為了發射人造衛星開發的火箭。此系列的長征二號F火箭用來發射中國的載人太空船「神舟」。

三角洲 2 號　1989 年～

高度：37 ～ 39m　重量：232t

這是美國開發的火箭，用來發射許多人造衛星。此外，NASA 發射星探測器時也是使用三角洲 2 號運載火箭。

⊕esa 亞利安 5 號
1996 年～

高度：45 ～ 55m
重量：745 ～ 750t

亞利安 5 號是歐洲開發的亞利安系列中最大型，用來酬載發射人造衛星的火箭。可將兩顆衛星同時打上靜止軌道。

H-IIA　2001 年～

高度：53m　重量：289t

日本開發的火箭，用來酬載發射人工衛星，為國際太空站運送物資。配合酬載的人造衛星重量，總共有4 種型號。

擎天神 5 號　2002 年～

高度：58m　重量：335t

長年用來發射人造衛星的擎天神系列最新型火箭，是美國發射大型衛星的主要火箭之一。

三角洲 4 號　2003 年～

高度：63 ～ 72m　重量：250 ～ 733t

比擎天神 5 號更新更大的火箭。創下幾乎零失敗的發射佳績。

天頂 -3F　2011 年～

高度：60m　重量：471t

天頂號運載火箭是烏克蘭的火箭，已經成功酬載過許多人工衛星。天頂 -3F 是天頂系列中最新的三段式火箭。

完整透析 H-IIB！

太空火箭大剖析

渡部博士重點解說！

前往地球外行星探查的太空探測器、讓我們的生活更豐富的人造衛星——太空火箭的工作是酬載送往外太空的機械。接著請與我一起仔細研究日本製造的 H-IIB 運載火箭，揭開太空火箭的奧祕。

固體火箭助推器
（SRB-A）

H-IIB 裝載 2 枚主要助推火箭，以便在發射時輔助主引擎。只要 2 分鐘就能脫離，使用固體燃料。

第一段主引擎
（LE-7A · 2 顆）

綁了兩具 H-IIA 運載火箭使用的 LE-7A 引擎。需要高度技術才能同時燃燒 2 具強力引擎。

H-IIB 運載火箭 3 號機

日本 JAXA 與三菱重工業共同開發的太空火箭。1 號機於 2009 年發射升空。3 號機於 2012 年 7 月 21 日，酬載國際太空站補給用太空船白鶴 3 號機升空。

第一段液態氫槽

裝載 LE-7A 引擎的燃料「液態氫」。

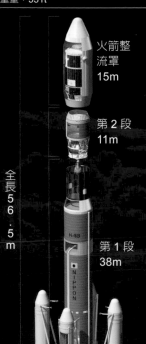

🇯🇵 **H-IIB** 　2009 年～

重量：531t

火箭整流罩
15m

第 2 段
11m

全長 5 6 · 5 m

第 1 段
38m

火箭升空機制

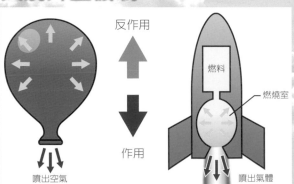

反作用

作用

噴出空氣

燃料

燃燒室

噴出氣體

火箭引擎燃燒燃料，往下噴出氣體，同時往上產生相同大小的力量，稱為反作用力，幫助火箭往外太空飛去。就像我們放開吹飽氣的氣球，氣球內的空氣就會往外噴出一樣。

第一段液態氧槽

氧是燃燒氫的必要元素，因此需要搭載液態氧。

第二段液態氧槽

第二段液態氫槽

火箭整流罩
（5S-H 型）

避免白鸛 3 號機在發射升空時受到空氣阻力影響。

白鸛 3 號機
（HTV3）

白鸛 3 號機是將物資運送到國際太空站的無人太空船。運送物資包括太空人的糧食、日用品和實驗器材等。

第二段引擎
（LE-5B）

發射約 6 分鐘後，包括完成使命的主引擎在內的第一段脫離，第二段引擎開始燃燒。

宇宙與人
●日本的宇宙開發之父●

系川英夫邀集各領域研究家，在東京大學生產技術研究所內展開火箭研究。1955 年開發出日本首艘「鉛筆火箭」，後來又開發出各式火箭。他是打開日本宇宙開發大門的重要推手。

系川英夫（1912～1999）與鉛筆火箭

H-IIB 運載火箭 3 號機發射升空

2012 年 7 月 21 日上午 11 時 06 分，H-IIB 運載火箭酬載白鸛 3 號機，從種子島太空中心發射升空。

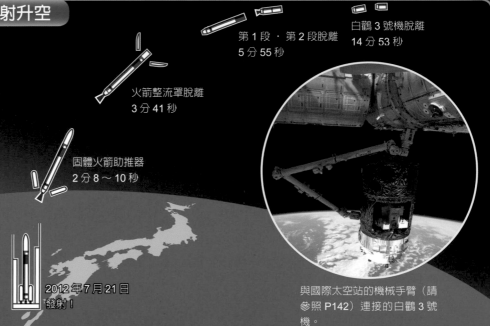

第 1 段・第 2 段脫離
5 分 55 秒

白鸛 3 號機脫離
14 分 53 秒

火箭整流罩脫離
3 分 41 秒

固體火箭助推器
2 分 8～10 秒

2012 年 7 月 21 日發射！

與國際太空站的機械手臂（請參照 P142）連接的白鸛 3 號機。

運送太空人與物資

各種太空船

 渡部博士重點解說！

宇宙空間沒有空氣，太陽光照射的地方與沒有太陽光照射的地方，溫差高達 300℃左右。因此載人太空船必須好好保護太空人，讓他們在如此嚴峻的太空環境中存活。從交通工具的角度思考太空船，太空船必須具備自由轉向、變換軌道的能力，更不能發生危及太空人性命安全的故障問題。太空船從裡到外使用了各種高度技術。

☰太空梭

1981 ～ 2011 年

這是美國製造的有翼太空船。
可像滑翔機降落於飛機走道，也能重複往來於陸地和外太空。太空梭已運載超過 500 名太空人前往太空，執行太空任務。

☰獵戶座太空船

2014 年～

NASA 開發的新式太空船。負責前往月球、小行星、火星等遠離地球軌道的地方執行任務，前往火星時運載 6 名太空人。

聯盟號太空船可搭載 3 名太空人。艙內十分狹窄，座位前方搭載各種裝置。指揮官坐在正中間的位置（照片前方的座位）指揮，坐在左邊位置（照片後方的座位）的太空人負責協助指揮官。

▬聯盟號太空船 1967 年～

已使用超過 40 年的俄羅斯太空船，隨著時代演進不斷改良。目前只有聯盟號太空船運載太空人來往國際太空站和地球。

聯盟號 TMA 太空船

2002 到 2011 年執行任務的聯盟號太空船，多次將太空人送往國際太空站。現在使用的是完成電腦儀器改良的聯盟號 TMA 太空船。

各國太空船介紹

從人類開始探索太空的 50 年間，世界各國打造了各式各樣的太空船。人類前往外太空探險的願望從未改變，一直延續到現在。

▀▀ 東方號太空船
1961 ～ 1963 年

蘇聯（現在的俄羅斯）打造的第一艘太空船，幫助尤里．加加林完成人類首次的太空任務。合計共完成 6 次的飛行任務。

▀▀ 水星號太空船
1961 ～ 1963 年

這是美國製造的第一艘太空船。這艘太空梭不僅幫助艾倫．雪帕德完成美國首次宇宙彈道飛行，也讓約翰．葛倫成為美國首位繞行地球軌道的太空人。

★ 神舟
1999 年～

這是中國製造的太空船。2003 年首次完成載人飛行，2012 年發射升空的神舟 9 號達成與太空實驗室「天宮 1 號」的交會對接任務。

太空旅行不是夢？民間太空船

由民間公司主導的太空觀光旅行時代即將到來。NASA 正在推動委託民間公司太空船，運送太空人與物資到國際太空站的計畫，讓外太空逐漸成為一般民眾也能觸及的世界。

▀▀ 太空船 2 號
太空船公司

專為從事民間太空旅行開發的太空船，搭載在母艦機白騎士 2 號上達 16km 高度後，以自己的引擎飛行至 110km 左右的高空，可體驗約 4 分鐘的「宇宙」飛行。

▀▀ 天鵝座宇宙飛船
軌道科學公司

與日本「白鸛」一樣，運送物資到國際太空站的無人太空船，也能將國際太空站的物資帶回地球。

▀▀ 天龍號太空船
太空探索技術公司（SpaceX）
2012 年～

從 2012 年 5 月開始將物資運送到國際太空站的無人太空船。以自己的力量接近國際太空站後，與國際太空站的機械手臂對接。天龍號太空船最初是以載人太空船為開發目標，未來很可能運送太空人前往國際太空站。

人造衛星

渡部博士重點解說！

人造衛星藉由火箭發射，進入外太空後，就會繞著地球運行。接著將觀測與收集的各項數據送回地球，人類再利用這些數據改善生活。到 2012 年為止，外太空至少有 3000 顆人造衛星環繞地球！

SHIZUKU

接收來自地面與海面的電波，長期觀測地球氣候如何變動，水如何循環。

導引號衛星

這是一顆圍繞地球且位於日本正上方的人造衛星。為了正確測量人車所在位置，將訊號傳送至汽車導航系統或行動電話。

瞳（ASTRO-H）

由 JAXA 開發、搭載 X 射線*望遠鏡（請參照 P92）的人造衛星。觀測位於星系中心的黑洞*（請參照 P126），了解宇宙如何進化，揭開形成現在樣貌的謎團。

MSG-3

ESA 發射升空的氣象衛星。使用 12 種波長的光，可觀測詳細天氣。亦可半夜觀測、測量雲的溫度。

SDO

由 NASA 發射升空，用來觀測閃焰*（請參照 P19）等太陽活動的人造衛星。將逼真詳盡的照片與觀測數據傳回地球。

 用語集 ＊X 射線：照 X 光片時使用的放射線之一。　＊黑洞：因具有超強重力，物質與光皆無法逃出的天體。
＊閃焰：太陽表面產生的爆炸現象。

未來世界的冒險
次世代探查機

渡部博士重點解說！

太空探查機脫離地球軌道，前往宇宙空間冒險。接下來為各位介紹今後將為人類社會做出極大貢獻太空探查機。

隼鳥 2 號

這是 JAXA 開發的隼鳥號（請參照 P50）後繼機。目標不是原本的小行星 25143，而是採集新的小行星物質，帶回地球研究。

聖杯號

NASA 發射的兩個繞行月球（請參照 P36）的小型太空探測器（GRAIL A 和 GRAIL B）。調查月球重力、內部構造與核心大小。

朱諾號

NASA 環繞木星（請參照 P54）的太空探測器。調查大氣*結構、磁場*、衛星等，解開太陽系最大行星之謎。

MAVEN

NASA 為了調查火星大氣（請參照 P44）發射的太空探測器。一邊繞行火星，一邊研究現在的火星大氣如何形成。

曙光號

NASA 調查小行星的太空探測器。2011 年近距離觀測灶神星，接著探查穀神星，傳回許多資料。

太陽帆探測器

JAXA 積極研發的探測器，宛如蓮瓣的大型太陽能板接收太陽光，產生推力。無須擔心燃料用罄，可從地球前往遙遠的木星，完成探查工作。

用語集 ＊大氣：包覆著地球等行星或衛星周圍的氣體。 ＊磁場：磁力作用的空間。

正式邁入太陽系的大航海時代

未來的太空探索①

渡部博士重點解說！

過去歐洲人航行全球海洋，展開大航海時代。隨著時間過去，進入現代，等著我們的是可以自由來往於太陽系的全新大航海時代。科學家計畫以觀測為目的，派出一群人長期待在行星、衛星與小行星，靈活運用外太空資源。為各位介紹未來的太空探索部分內容。

你想去哪裡？

我想搭堅固的太空船到氣體行星內探險！

前往月球

這是在月球（請參照 P36）建造基地的計畫，太空人將在月球表面收採集的冰，放入設置在撞擊坑*的裝置，陽光照射後冰就會融化，變成飲用水。為了避免暴露在宇宙輻射線之中，危害身體健康，人類居住在地底下。

用語集 ＊撞擊坑：天體上看似火山口的圓形窟窿。

前往小行星

人類可從小行星（請參照P50）挖掘到許多有用的礦物。先在小行星建造基地，以基地為據點前往周邊小行星探查，採集資源。

● 準備好前往火星旅行！ ●

科學家認為低溫乾燥的火星（請參照P44）氣候接近地球的南極地區，因此 NASA 正在氣候極度乾燥的南極乾燥谷進行研究，讓太空人穿上太空衣工作，思考如何增強太空衣的性能與改良方法。

這是 ESA（歐洲太空總署）進行的實驗照片。此計畫是以從地球來回火星的 490 天，加上進行探測任務的 30 天，共 520 天為實驗期間，讓太空人在模擬太空船環境的房間裡度過 520 天。

前往火星

火星的有人探測計畫是現在最受矚目的太空任務。為了在 2030 年代達成此目標，目前正如火如荼地做好各種準備。

連接地球和宇宙的橋樑

未來的太空探索②

工作人員居住區

在靜止軌道太空站工作的太空人所居住的區域。

太空太陽能監測器

檢測太陽光製造的能源量。

實驗空間

處於無重力*狀態，進行各種實驗的地方，為未來的科學技術開發貢獻心力。

物資搬運站

先將搬運過來的物資放在這裡，再送進靜止軌道太空站。

 渡部博士重點解說！

相信閱讀這本圖鑑的讀者，一定希望未來有一天能前往太空旅行。不過，乘坐火箭的太空旅行所費不貲，一次能運送的人數也不多。在此為各位介紹搭太空電梯前往外太空旅遊的方法，不僅費用只要火箭旅行的百分之一，而且一次還能搭載多人。雖然聽起來似乎不是真的，但目前科學家正在深入研究中。接下來為各位介紹日本企業大林組的太空計畫，這項計畫預計在 2050 年完成。

太空太陽能發電

利用外太空的太陽光製造能量的裝置。

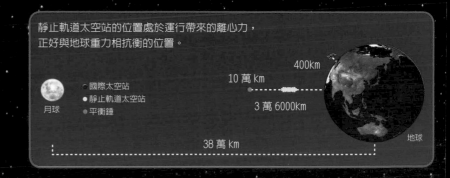

靜止軌道太空站的位置處於運行帶來的離心力，正好與地球重力相抗衡的位置。

月球　　○ 國際太空站　400km
　　　　● 靜止軌道太空站　10 萬 km
　　　　● 平衡錘　3 萬 6000km

38 萬 km　　地球

用語集　　*無重力：感受不到重力的現象。

地球港口

建造於赤道上的電梯入口，
亦即前往外太空的起點。

短期居住空間

提供太空旅行者短期停
留的空間。

靜止軌道太空站

靜止軌道太空站的大小預計為國際太空站的 15 倍。
這已超越地標的概念，只能用宇宙的太空標誌來形
容。每個艙可住 50 人左右，艙裡的房間皆為六角
形，方便在太空中作業。

靜止軌道太空站內部

此為靜止軌道太空站內部的示
意圖。

可搭載 30 人的電梯

從地球港口出發，花 1 週左右的
時間前往靜止軌道太空站。

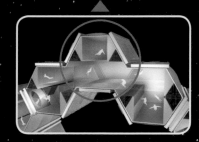

六角形房間緊密相連，使用起來
更寬敞。

太空電梯

打上外太空的衛星，朝地球架設纜繩，逐漸往上升。上升至
10 萬 km 左右的高度，即為太空電梯位於太空端的盡頭，在
此處放置「平衡錘」（Counterweight）維持平衡。在地球
端的纜繩盡頭建造地球港口（電梯入口），在離地面約 3 萬
6000km 處建造靜止軌道太空站。

照片提供‧採訪協力：株式會社 大林組

移居宇宙

未來的太空探索③

🛰 渡部博士重點解說！

當人口愈來愈多，地球環境惡化，不再適合住人，人類該何
去何從？科學家想出的解決方法之一，就是移居宇宙。不過，
若要住到外太空，必須在有限空間中備妥電力、水與糧食。
在此為各位介紹移居宇宙的實驗和構想。

宇宙殖民地

這是漂浮在外太空的超大型居住設施。整體呈甜甜
圈狀，以旋轉時產生的離心力作為重力，人類可在
此過著與地球相同的生活。

內部示意圖

這是宇宙殖民地的內部示意圖，建築物聳立，有池
塘、有樹木，人類也在外太空過著和地球一模一樣
的生活。

● 在外太空自給自足 ●

想要長期在外太空生活，就要做到自給自足。於是美國在 1991 年進行一項實驗，實驗小組創造了一個與外界完全隔絕的空間，名為生物圈二號（Biosphere 2）。除了事先準備好的物資外，居住者不能帶任何糧食、水甚至空氣進入，必須過著完全自給自足的生活。可惜後來發生了種種問題，不僅缺乏糧食，還有複雜的人際關係，不到兩年便草草結束實驗。日本也有相同實驗。青森縣六所村打造了一處封閉空間，嘗試以人力建立生態系統。藉此了解日後移居宇宙時，是否可用人工的方式，建造出生態均衡的環境。

生物圈二號的外觀　　　　　　　　生物圈二號的內部

不知道這裡的小孩有沒有聽說過地球？

我想帶他們去日本玩！

宇宙開發史

13世紀 ……	中國開始使用在箭頭安裝火藥的武器「火箭」，這是世界首創的火箭技術。
1379年 ……	義大利內戰使用了與火箭相同的兵器「rocchetta」（意為線軸、小紡錘）。
1926年 ……	美國發明家羅伯特・戈達德成功發射全世界首座使用液體燃料（汽油）的火箭。
1955年 ……	日本系川英夫博士開發長23cm的鉛筆火箭，完成日本首次火箭發射實驗。
1957年 ……	蘇聯（現在的俄羅斯）成功發射世界首顆人造衛星「史普尼克1號」。
1961年 ……	蘇聯太空人加加林搭乘「東方1號」太空船，實現人類首次太空飛行。
1969年 ……	美國「阿波羅11號」太空船到達月球，兩名太空人登陸月球表面。
1970年 ……	日本開發的「拉姆達4運載火箭」成功發射，日本首顆人造衛星「大隅號」進入地球軌道。
1970年 ……	蘇聯無人探測器「金星7號」創下人類首次登陸金星的歷史創舉。
1971年 ……	蘇聯成功發射史上首座太空站「禮炮1號」。3名太空人在外太空停留24天。
1977年 ……	美國成功發射無人探測器「航海家1號」、「航海家2號」，執行木星與土星探測任務，現在朝著太陽系外運行。
1981年 ……	美國太空梭首次發射升空。
1990年 ……	美國成功發射哈伯太空望遠鏡。
1990年 ……	日本記者秋山豐寬搭乘蘇聯太空船聯盟TM11號前往太空旅行，在「和平號」太空站停留8天。
1992年 ……	日本太空人毛利衛搭乘「奮進號」太空梭，開啟日本太空人搭乘太空梭前往外太空的時代。
1998年 ……	日本、美國、俄羅斯、歐洲各國開始參與國際太空站的建設。
2001年 ……	日本開發的H-IIA運載火箭1號機成功發射升空。
2004年 ……	NASA火星探測車「精神號」與「機會號」登陸火星，確認火星曾經有海。
2005年 ……	NASA與ESA探測器「惠更斯號」成功登陸土星的土衛六。
2010年 ……	日本發射的「隼鳥號」探查機在小行星25143採集微粒物質，帶回地球。
2011年 ……	國際太空站幾乎完成，太空梭退役。
2012年 ……	美國開發的「好奇號」火星探測車登陸火星。

羅伯特・戈達德開發出全球首座液體燃料火箭。

世界首顆人造衛星「史普尼克1號」。

首位在太空飛行的太空人尤里・加加林。

執行阿波羅計畫時，人類終於登陸月球。

「航海家1號」發射升空。

日本記者秋山曾經待過的「和平號」太空站。

一目了然！

太空年表

🛰 渡部博士重點解說！

人類自古仰望星空，對於天體運行產生許多想法。古代天文學者也進行過詳細的天體觀測，但天文學直到望遠鏡問世才有突破性進展。最近科學家使用各種觀測裝置，持續研究宇宙初始與進化過程。另一方面，自從 1961 年尤里・加加林完成人類首次的太空飛行後，各國皆積極建設太空站，研發太空梭並從事太空探索。接下來與我一起回顧揭開宇宙之謎的人類創舉。

天文學史

西元前20世紀左右…	埃及出現太陽曆、美索不達米亞出現太陰曆。
西元前4世紀 ………	古希臘的歐多克索斯提倡天動說，認為「地球為宇宙中心，所有天體皆環繞地球運行。」
西元前3世紀 ………	在埃及聞名的希臘天文學家埃拉托斯特尼測量地球大小。
西元前2世紀 ………	古希臘的喜帕恰斯將恆星亮度分成 6 個等級。
150年左右 ………	埃及亞歷山大的克勞狄烏斯・托勒密編纂《天文學大成》，成為天動說的基礎。
10～15世紀…………	伊斯蘭文化圈不斷發展天文學，興建兀魯伯天文台。
1543年………………	波蘭的尼古拉・哥白尼提倡地動說，認為「行星在以太陽為中心的圓形軌道上公轉。」
1609年………………	伽利略・伽利萊開始使用天體望遠鏡觀測天體。
1609～1619年………	德國約翰尼斯・克卜勒發表克卜勒定律，第一定律的內容即是「每顆行星的公轉軌道皆為橢圓形。」
1687年………………	英國艾薩克・牛頓發表萬有引力定律，認為「所有物體之間都有引力作用。」
1905年………………	在德國出生的物理學家阿爾伯特・愛因斯坦發表「狹義相對論」。
1927年………………	比利時的喬治・勒梅特提出的論點成為日後「大爆炸理論」的基礎。
1928年………………	現在的國際天文學聯合會（IAU）正式定義現時 88 個星座。
1929年………………	美國的愛德溫・哈伯發表哈伯定律，提倡「宇宙膨脹」觀點。
1965年………………	美國的羅伯特・威爾遜與阿諾・彭齊亞斯發現宇宙微波背景，證實「大爆炸理論」的可能性。
1987年………………	日本小柴昌俊從大麥哲倫星雲的超新星 SN1987A 檢測出微中子。
1995年………………	瑞士天文學家米歇爾・麥耶等人首次發現太陽系外行星。
2003年………………	科學家已經證實宇宙誕生後，至今已過了 137 億年。
2006年………………	國際天文學聯合會定義行星、矮行星、小天體的分類準則。

提倡地動說的哥白尼。

勒梅特建立「大爆炸理論」的基礎。

哈伯使用的威爾遜山天文台望遠鏡。

索引

讀者試閱名單

在企劃動圖鑑的過程中，我們邀請所有讀者成為我們的試閱員，並給予珍貴意見與想法。
衷心感謝協助試閱的**320名讀者**。

相沢穂乃華／青木至人／赤松杏乃／秋葉明香里／浅井瑠実子／阿部愛実／新井綾乃／荒井菜々子／有馬寿夏／有賀朱里／安藤瞳／家倉千宙／井城円／池田小乃果／池田まゆか／井澤由衣／石川佳奈／石川夏音／石榑陽／石澤夏実／石橋寧々／伊藤亜也香／伊藤杏珠／伊藤沙莉那／伊藤瑠花／稲垣萌々香／稲田萌愛／井上紗希／井原萌／岩井渚沙／岩下純／岩田まみ／上田美佳／上村理恵／内田有紗／内田有香／海内夢希／梅田良子／江嵜なお／榎本真衣／大泉達雄／大川紫苑／大草レナ／大口真由／大久保奏／大久保真彩／大島佳子／大田郁美／太田沙綾／太田妃南／大塚比巴／大村美音／大舘琴奈／大山夏奈／大和田夏希／小笠原夢菜／岡村有希／岡本亜衣美／岡本視由紀／小川乃愛／小椋彩歌／尾﨑亜衣／尾瀬未有／小田島日向子／小俣知穂／小山凜／海田勇樹／柿沼亜里沙／垣畑光緒／影山友海／柏木あかね／加藤紗依／加藤慎太郎／加藤佑奈／門脇真歩／金子真奈／鎌田日向子／上出紋子／上村明日香／河下未歩／川島千晶／川副ひとみ／川中智尋／川畑萌／川村美菜海／観世三郎太／神田早紀／菊川拓哉／菊池優希／木島舞香／岸本彩／木田明日奈／北野こゆき／北山姫夢／吉川侑花／木丁空／木村あすか／木村舞香／九ノ里琴音／久米羽奏／藏田眞子／倉持七海／桑田千聡／高祖皐月／合田美和／河野紅璃亜／小坂未玖／小髙弘子／小舘光月／後藤佐都／小林香乃／小林夏帆／小林侑里子／小林倭央／小針清花／齋藤優衣／酒居香奈／酒井茉里名／坂井優香／﨑岡恵子／櫻井悠宇／佐々木朱理／笹澤麻友美／貞國有香／佐竹涼葉／佐藤彩加／佐藤さくら／佐藤清加／佐藤舞花／佐藤雅弥／佐藤優芽／佐俣夏紀／塩田菜桜子／塩原あかり／重友優衣／重松菜奈／四宮舜介／嶋田哲大／下江愛蓮／首藤静香／鈴木彩夏／鈴木寧々／鈴木陽菜／鈴木涼士／鈴木綾太／鈴村光一／須田成美／須谷ひかり／住森早紀／住吉歩優／関川紗葵／瀬古栞／平彩香／高木萌衣／高瀬莉奈／高田佳奈／髙橋実夏／髙橋美帆／髙橋美帆／髙橋里恵／高橋綾太／髙橋若奈／高原菜摘／髙宮美香／高良唯／田口恵海／竹内ひかる／竹内ひなた／竹内柚果／武田明子／武田佳穂／武田さつき／武田遥／竹中菜摘／龍野真由／田中天音／田中亜実／田中絵梨菜／田中舞衣／田中優梨花／田中里奈／田邉隆也／田邊美貴／谷才暉／玉置楓／玉川穂佳／玉山真唯／田村夏美／千種あゆ美／塚田のどか／塚田ひかる／津田郁花／津田稜子／富澤七彩／富島由佳子／冨永歩乃楓／友次彩奈／豊島礼奈／鳥山明日香／内藤大貴／中井菜摘／長江桃香／長岡美涼／中川晴子／中川舞／中島愛理／永島有華／中根優菜／中野亜美／中野日和／中野結月／長濱優衣／中村希美／中村桃子／七浦杏海／西優里花／仁科せい／西原里香／西前玲奈／西村夏／二本木莉奈／野﨑桃子／野村舞／橋詰ゆき菜／橋元駿輔／服部心暖／花澤菜摘／馬場真白／早﨑唯／林紗梨／林真衣／林由似子／林里音／林田弥優／羽良灯持美／原田亜美／番留旬音／比嘉美保子／東本有希子／肥前愛理／平井莉奈／平川さくら／廣島寿々子／廣瀬茉莉／深松加絵／福田夏紀／福田優人／福永悠衣／福原稔也／藤佳苗／藤井愛子／藤井真子／藤井佑香／藤沢ゆり／細川みなみ／堀内美彌／本郷夢乃／本多鈴／本田奈佑／前田明希／前田彩花／増岡優沙／町井琴音／町田真海／松浦明日香／松下このみ／松下ひまり／松下真由子／松田夕奈／松原奈央／三笠佑野／三上侑輝／水城陶子／光山日菜／三宅朱音／宮﨑万由子／宮田鈴菜／宮本紀子／毛利紗矢音／森野々風／森友梨奈／森陸人／森居美侑／森川真唯／森下翔太／守田一喜／森吉早奈穂／八木大翔／栁沼香里／矢口実佳／山形翠／山上真代／山口香雪／山口さくら／山口渚／山﨑遥／山﨑妃夏／山崎万理乃／山﨑桃子／山下萌／山田萌々香／山村渚／山本明日美／山本佳代子／油布茉里愛／湯本芽衣／湯本莉緒／横田夢未／吉井萌笑／吉川悠里／吉﨑愛音／吉田早織／吉田真由／吉見香己路／米田ちひろ／渡邉絵里子／渡邉奏波／渡辺小春／渡辺風香／渡辺万葉

國家圖書館出版品預行編目（CIP）資料

宇宙百科圖鑑 / 渡部潤一監修；游韻馨翻譯 . -- 初
版 . -- 臺中市：晨星，2019.01
　　面；　公分 . --（自然百科；2）
　　譯自：講談社の動く図鑑 MOVE　宇宙
　　ISBN 978-986-443-548-7（精裝）

1. 宇宙

323.9　　　　　　　　　107020072

詳填晨星線上回函
50 元購書優惠券立即送
（限晨星網路書店使用）

宇宙百科圖鑑
講談社の動く図鑑 MOVE　宇宙

監修	渡部潤一
審定	吳福河（台北市立天文科學教育館）
翻譯	游韻馨
主編	徐惠雅
執行主編	許裕苗
版面編排	許裕偉

創辦人	陳銘民
發行所	晨星出版有限公司 台中市 407 工業區三十路 1 號 TEL：04-23595820　FAX：04-23550581 E-mail：service@morningstar.com.tw http：//www.morningstar.com.tw 行政院新聞局局版台業字第 2500 號
法律顧問	陳思成律師
初版	西元 2019 年 1 月 23 日

總經銷	知己圖書股份有限公司 106 台北市大安區辛亥路一段 30 號 9 樓 TEL：02-23672044 / 23672047　FAX：02-23635741 407 台中市西屯區工業 30 路 1 號 1 樓 TEL：04-23595819　FAX：04-23595493 E-mail：service@morningstar.com.tw 網路書店 http://www.morningstar.com.tw
讀者服務專線	04-23595819#230
郵政劃撥	15060393（知己圖書股份有限公司）
印刷	上好印刷股份有限公司

定價 999 元

ISBN 978-986-443-548-7

【審定】
渡部潤一（国立天文台　副台長、教授）
【執筆】
泉田史杏、遠藤芳文、寺門和夫、土屋 健、内藤誠一郎、
古荘玲子、オフィス 303
【協力】
佐藤孝子、殿岡英顕
【插圖】
池下章裕、マカベアキオ
小池菜々恵（オフィス 303）
【本文設計】
原口雅之、天野広和、大場由紀（ダイアートプラン
ニング）
【照片 ‧ 插圖】
特別協力：アマナイメージズ

朝日新聞社／金沢大学　米徳大輔／株式会社大林
組／株式会社ビクセン／国立天文台／千葉市立郷
土博物館／東京大学宇宙線研究所　神岡宇宙素粒
子研究施設／東京大学宇宙線研究所　重力波観測
研究施設／独立行政法人　宇宙航空研究開発機構
／独立行政法人　海洋研究開発機構／富山市科学
博物館／名古屋大学大学院理学研究科天体物理学
研究室／藤井旭／山口 弘悦、理化学研究所・すざ
く・デジタルスカイサーベイ（DSS）／ Alexander
Aurichio ／ Alexander Preuss ／ Apollo Maniacs
／ ESO ／ A.Roquetta ／ Getty Images ／ Keith
Vanderlinde, National Science Foundation ／ NASA
／ NRAO/AUI ／ Walter Myers

＊書中刊載的 JAXA 資訊與圖片皆與初版相同。